朱有鹏 张先凤 著

嵌入式Linux与物联网软件开发

C语言内核深度解析

人民邮电出版社
北京

图书在版编目（CIP）数据

嵌入式Linux与物联网软件开发 ： C语言内核深度解析 / 朱有鹏，张先凤著. -- 北京 ： 人民邮电出版社，2016.12（2022.12重印）
ISBN 978-7-115-43294-0

Ⅰ. ①嵌… Ⅱ. ①朱… ②张… Ⅲ. ①C语言－程序设计 Ⅳ. ①TP312.8

中国版本图书馆CIP数据核字(2016)第246122号

◆ 著　　　　朱有鹏　张先凤
责任编辑　赵　轩
责任印制　焦志炜

◆ 人民邮电出版社出版发行　　北京市丰台区成寿寺路 11 号
邮编　100164　　电子邮件　315@ptpress.com.cn
网址　https://www.ptpress.com.cn
北京盛通印刷股份有限公司印刷

◆ 开本：787×1092　1/16
印张：16.25　　　　2016 年 12 月第 1 版
字数：380 千字　　　　2022 年 12 月北京第 17 次印刷

定价：59.00 元

读者服务热线：(010)81055410　印装质量热线：(010)81055316
反盗版热线：(010)81055315

前言

PREFACE

C 语言是嵌入式 Linux 领域的主要开发语言。对于学习嵌入式、单片机、Linux 驱动开发等技术来说，C 语言是必须要过的一关。C 语言学习的特点是入门容易、深入理解难、精通更是难上加难。很多用 C 语言写了多年单片机程序的老工程师转入嵌入式 Linux 领域后，都会觉得很难，甚至惊叹“为什么同样是 C 语言代码，我完全看不懂？”更不用说初学者了，大多数人都会有一种“很难精进、很难掌握”的感觉。

本书就是为了解决这个问题。朱有鹏老师在由嵌入式软件开发人员转为职业培训讲师后，试图找到一种方式能够将研发实践中的技能和技巧传授给学生，而不仅仅是冰冷晦涩的语法和知识点。没错，我们认为 C 语言既是一门技艺，也是一种能力，就好像开车、踢足球、厨艺等一样，不只是要“知道怎么回事儿”，还要“玩儿得好”才行。

本书的原型思想和内容，发源于朱有鹏老师早些年的研发和学习经历，发展于后来数年的线下培训授课经历，并最终成熟于视频课程《4.C 语言高级专题》(隶属于《朱有鹏老师嵌入式 Linux 核心课程》系列视频课程的第 4 部分)。该套视频课程于 2015 年 10 月录制完成，并在不到的一年时间内，已被上千人观看学习，创下了全好评的好成绩。

本书正是基于这套视频课程的课件整理而来，参与各章节整理和编写的都是学习了视频课程的学生，最终由朱有鹏老师和张先凤老师检验并完善成书。这些参与编写的同学有的已经工作数年、有的则尚未走出大学校园。选择他们合作创作本书，就是为了告诉读者：做技术并不要求你天赋异禀，只需要你感兴趣、愿意去探索和练习，你也可以成功。

本书的另一大特色是，专门针对嵌入式 Linux 开发方向而设计。这并不是一句空话，本书的很多内容，如位操作、container_of 宏、内核链表、变参等，都是嵌入式 Linux 开发中重要的技能，而在一般的 C 语言书中并无过多介绍。

最后，本书并不是一本零基础系统学习 C 语言的书，而是一本定位为技能提升型的专著。如果你已经学过或者正在使用 C 语言，但苦于无法精进，或者在学习嵌入式 Linux 软件开发中遇到困难，那么试试这本书吧，一定会为你带来收获。

参与本书整理和编写的学生

陈开元：参与编写第2章

现就读于宁德师范学院电气工程及其自动化专业，大四，喜欢嵌入式技术，于2015年5月开始学习本系列课程，参与编写本书主要是为了提高自己的总结能力和对这段时间学习效果的验证，以更加深入理解知识总结的重要性。我的技术理想是在该领域做出一点贡献。

顾长青：参与编写第2章

2012年毕业于南京工程学院自动化专业，从事嵌入式开发工作，对电子开发有浓厚的兴趣和爱好，热衷于技术研究。

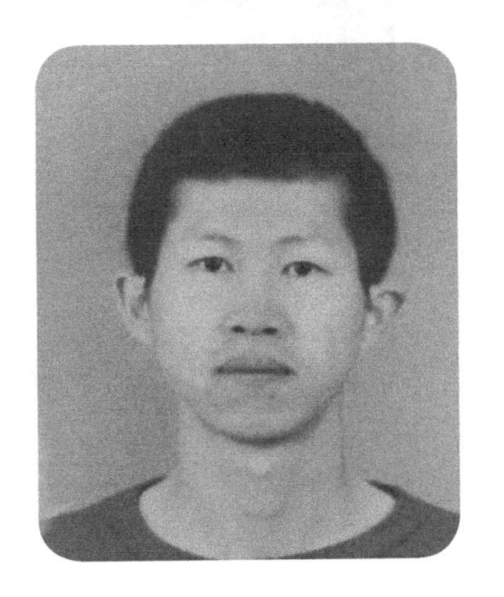

江龙：参与编写第9章

现就读于哈尔滨工业大学（深圳）电气工程专业，研二。一次偶然的机会在CSDN上发现了朱老师物联网大讲堂系列视频，令我耳目一新。感觉像朱老师这样项目经验丰富又认真做事，乐于分享的人实在太赞了！由于个人喜欢嵌入式技术，所以我利用课余时间参与了本书的编写。一边学习一边积淀是一件令人快乐的事情，这个过程也让我对嵌入式技术有了更深的理解。

李文熙：参与编写第7章

现就读于黑龙江科技大学物联网工程专业，大二，喜欢一切开源的事物，于 2015 年 8 月开始学习本课程。参与编写本书主要是为了锻炼自己，提高自己 C 语言编程的能力。编写本书让我对 C 语言的内存模型与内存机制更加熟悉。我的技术理想是写出更多的开源项目。

刘宏宇：参与编写第6章

现就职于深圳威尔电器有限公司，任驱动工程师一职。于 2015 年 4 月学习本课程，起初参与本书的编写主要目的是增加自己文档编写与整理的能力，但在编写的过程中逐渐发现自己在知识深度上的不足。参加本书的编写让我对 C 语言有了更深的理解，同时组织语言的逻辑能力也有所提高。我的技术理想就是成为嵌入式全栈工程师。

陆思明：参与编写第3章和第4章

现大三，喜欢探讨嵌入式技术问题，于 2015 年 10 月开始学习本课程。参与编写本书主要是为了巩固自己所学的知识，以及为后续学习的人提供经验。通过编写本书，我对 C 语言又有了进一步的理解。我的技术理想是通过技术使人们的生活更加方便，让人做一些创造性的事情，而不是简单的重复！

潘圣文：参与编写第8章

现从事蓝牙音箱开发相关工作。喜欢编程，爱好电子。参与编写本书主要是为了提高自己的 C 语言编程水平，让自己更加了解、明白 C 语言在嵌入式开发中的重要性。希望大家在学习这本书的时候能有所收获。我希望技术能给人们带来快乐，让生活更加美好。

宋恒：参与编写第4章和第10章

2015 年 10 月结识朱老师，被其层层铺垫、井井有条的讲课风格所吸引。当时的我从事 FPGA 相关工作将近四年，也会用到 C 语言，自认为水平还不错，但是看了朱老师的 C 语言视频之后，感觉自己的 C 弱爆了，但同时感觉到自己对内存模型有了一个本质的认识。于是，我如饥似渴地学习 C，疯狂地涌出感悟，并记录在我的博客里，从此一发而不可收。恰逢朱老师有出书的念头，于是机会来了。通过这次编写，让我之前学到的知识变得更加凝炼，分享知识的过程也让我很开心。

王云云：参与编写第9章

现在就职于厦门科拓通讯。跟着朱老师的课程学习刚好一年。开始学习嵌入式的时候懵懵懂懂，现在成长了不少，也成功地找到了满意的工作。参与编写本书主要是为了检验和巩固自己的学习成果，同时也是对带我入门的朱老师的感谢。编写本书也成了我大四时期的一个意义非凡的经历。

吴石水：参与编写第5章

现就读于沈阳理工大学，专业为检测技术与自动化装置，研二，喜欢打乒乓球。2015 年 9 月开始学习本课程，参与编写本书主要是为了锻炼自己、增加社会经验，让自己进一步理解 C 语言编程。我的技术理想是一专多长。

岳睿：参与编写第6章

现就读于浙江万里学院电气工程及其自动化专业，大三，爱好阅读外国文学名著。参与编写本书主要是为了在闲暇时间对这门编程语言做一些整理，也是一个沉淀的过程。我的理想是用所学技术为人类改造世界做出自己的贡献。

张鹏飞：参与编写第1章

现就读于天津大学仁爱学院电子信息工程专业，大三。喜欢电子，热爱编程，参与了大学生 IEEE 电脑鼠走迷宫等比赛并获奖。本人于 2015 年有幸看到朱老师的公开视频，被老师的幽默风趣的教学风格以及难点知识的讲解方式深深吸引，于是开始潜心学习，至今所获颇丰。倘若将编程类比武功，他的课绝对不仅仅让你只会招式，内功也会倍增。后期自己参与了本书的编写，在编写时也一直和其他编写人员探讨，既然要写就写本好书，绝不东拼西凑，真正让读者开卷受益。尽量将难懂的知识用类比的方式简单化，让读者循序渐进地理解、深入。期许这本书可以让更多的编程爱好者学到和学懂编程。最后以一句名言“有志者事竟成”和诸位共勉。

目录

CONTENTS

第01章

C语言与内存

1.1 引言

其实我们不知道的是，早期的计算机是没有内存的，但是如今我们去买电脑时，都会十分关心电脑内存的各种参数，因此可以看出内存对于电脑性能的重要性。那么为什么需要内存呢？换句话说，内存与计算机以及程序之间的关系又是什么呢？本章将会以内存为中心，探讨许多与内存相关的概念和话题，这些概念是学好后续 C 语言知识不可缺少的基础，因此希望读者认真对待本章节的内容。

1.2 计算机程序运行的目的

1.2.1 什么是程序

程序是什么？最为直观的表达就是：程序 = 数据 + 算法。对于计算机来说，一个程序就是一堆代码加一堆数据。代码告诉 CPU 如何加工数据，而数据则是被加工的对象。例如我们写一个加法程序，对于计算机来说，代码告诉 CPU 是执行加法，数据就是加数和被加数。当然，我们也可以将加法运算的过程封装成一个函数，即便不封装成一个子函数，那它也是在主函数（main）里。C 语言程序就是由一个个函数组合而成，这也是 C 语言模块化的一个强烈表现。

1.2.2 计算机运行程序的目的

既然我们已经知道了程序是什么，那么我们接下来就可以来探讨计算机运行程序的目的是什么了。其实运行程序的目的无外乎如下几个：要么是得出一个确定的运行结果；要么是关注运行的过程；要么二者皆有。得到一个结果还是可以理解的，但说程序运行只是为了过程可能就不太好理解了，设想那些没有返回值的函数不都是在注重过程，它们并不会返回一个结果。

函数程序的形参就是待加工的数据，当然函数内还需要一些临时数据（局部变量），函数本体就是代码（程序的组成：数据 + 算法），函数的返回值就是结果，函数体的执行就是过程，所以说函数的运行目的是：结果、过程或者二者全有。

- **例子1**

```
int add(int a, int b)
{
    return a + b;
}
// 这个函数的执行就是为了得到结果
```

- **例子2**

```
void add(int a, int b)
{
    int c;
    c = a + b;
    printf("c = %d\n", c);
}
// 这个函数的执行重在过程（重在过程中的printf），不需要返回值
```

- **例子3**

```
int add(int a, int b)
{
    int c;
    c = a + b;
    printf("c = %d\n", c);
    return c;
}                    // 这个函数既重结果又重过程
```

通过上面的例子，大家应该有了新的认识，理解了程序的组成和程序运行的目的。

1.2.3 静态内存SRAM和动态内存DRAM

上一节我们探讨了什么是程序，以及运行程序的目的是什么。这一节我们准备谈一谈存储和运行程序的硬件——内存。内存大致分为静态内存（Static RAM，SRAM）和动态内存（Dynamic RAM，DRAM）。

SRAM 的性能非常高，是目前读写最快的存储设备了，但是它也非常昂贵，所以只在要求很苛刻的地方使用，如 CPU 的一级缓冲、二级缓冲；而 DRAM 的速度要比 SRAM 慢，但是 DRAM 的价格比 SRAM 便宜很多。DRAM 又有好多代，譬如最早的 SDRAM，后来的 DDR1、DDR2……，LPDDR，我们这里介绍其中一种 DDR。

DDR（Doubk Date Rate）是一种改进型的RAM，它可以在一个时钟读写两次数据，这样就使得数据传输速度加倍了，并且它有着很好的成本优势，因此DDR是目前电脑中用得最多的内存。目前在很多高端的显卡上，大都配备了高速DDR，用于提高带宽，以求大幅度提高对3D加速卡像素的渲染能力。

DDR内存

不管是SRAM还是DRAM，对于编程者来说，并不需要详细了解其内部原理，只需要使用即可。实际上内存就是存储代码和数据的，这就是内存的本质。那么内存中到底存储的是什么东西呢？数据和代码以什么样的方式存储在内存中呢？我们接下来就会讲到。

1.2.4 冯·诺伊曼结构和哈佛结构

按数据（全局变量、局部变量）和代码（函数）的存储方式的不同，可以分为冯·诺伊曼结构（又称作普林斯顿体系结构）和哈佛结构。

冯·诺伊曼结构：数据和代码放在一起。

哈佛结构：数据和代码分开存放。

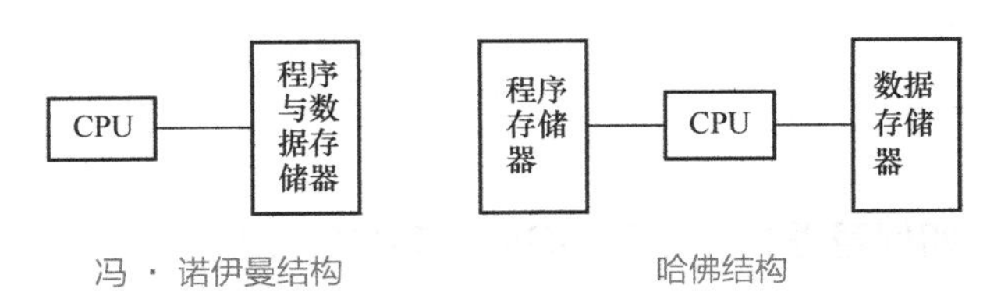

冯·诺伊曼结构　　　　哈佛结构

在冯·诺伊曼结构中，程序中的代码和数据统一存储在同一个存储器中，而且数据和代码共用一条传输总线。由于指令和数据都是二进制码，指令和操作数的地址又密切相关，因此当初选择这种结构是自然的。如ARM公司的ARM7、MIPS公司的MIPS处理器，都采用了冯·诺伊曼结构。但是这种指令和数据共享同一总线的结构，使得信息流的传输成为限制计算机性能的瓶颈，影响了数据处理速度的提高。

与冯·诺伊曼结构相反，哈佛结构是一种将指令和数据分开存储的结构。中央处理器首先到程序指令存储器中读取程序指令内容，解码后得到数据地址，再到相应的数据存储器中读取数据，然后执行操作并读取下一条指令。

在指令和数据分开存储的哈佛结构中，指令和数据的存取可以同时进行，可以使指令和数据有不同的数据宽度，并且在执行时还可以预先读取下一条指令，因此哈佛结构的微处理器通常都具很高的执行效率。目前使用哈佛结构的中央处理器和微控制器有很多，像Microchip公司的PIC系列芯片、摩托罗拉公司的MC68系列、Zilog公司的Z8系列、ATMEL公司的AVR系列甚至连51单片机也属于哈佛结构。

因为两种存储方式毕竟是不同的，所以其产生的效果也是不同的。不过现实中这两种方式均有应用。比如在三星推出的一款适用于智能手机和平板电脑等多媒体设备的应用处理器S5PV210上运行应用程序时，所有应用程序的代码和数据都存放在DRAM中，所以用的是冯·诺伊曼结构。又比如某些单片机里面既有代码存储器Flash，又有数据存储器RAM。当我们把代码烧写到内存（Flash）中，代码直接在Flash中原地运行，但是用到的数据（全局变量、局部变量）不能放在Flash中，而是放在RAM（SRAM）中，这里用的就是哈佛结构。

1.2.5 总结：程序运行为什么需要内存呢

我们从程序是什么、运行程序的目的是什么，再到内存种类以及程序在内存中的存储方式进行了探讨。总结起来，内存实际上是用来存储程序中可变数据的，而C程序中的可变数据为全局变量、局部变量等。当然在GCC中，其实常量也是存储在内存中的，而大部分单片机，常量是存储在Flash中的，也就是在代码段。另外从变量的名字来看，什么是变量？变量就是在内存中分配一块内存空间，并且将它的地址和变量名相关联。可见当我们在定义变量的时候就已经在和内存打交道了，所以内存对我们写程序来说非常重要。

程序越简单，所需要的内存也就会更少；程序越庞大、越复杂，那么所需要的内存也就越多。倘若没有内存，我们的数据将会没有地方可以存储。但反过来，即使有内存，内存也不是无限的，可见内存管理非常重要。其实很多编程的关键都是围绕内存而展开，如数据结构（数据结构研究数据如何组织并如何在内存中存放）和算法（算法研究如何加工存入的数据）。所以如何合理使用内存的同时让我们的程序更加完善，这一直是一名优秀程序员应该关注的东西。那究竟应该如何管理内存呢？接下来我们就来谈谈这个问题。

1.2.6 深入思考：如何管理内存（无OS时，有OS时）

对于计算机来说，内存容量越大，能够实现功能的可能性就更大，所以大家都希望自己电脑的内存越大越好。但是不管我们的内存有多大，一旦内存使用管理不善，程序运行时就会消耗过多的内存，这样内存迟早都被程序消耗殆尽。当无内存可用时，程序就会崩溃。因此我们说内存是一种资源，如何高效地管理内存对程序员来说是一个重要技术和话题。

在C语言中定义变量时，就会分配一块内存空间。如果想要获取更大内存空间的话，我们可以通过定义数组来实现。其实在有操作系统（OS）的前提下，我们还可以通过一些操作系统提供的接口来分配内存，这样的分配方式称为静态内存分配。在程序运行的时候，需要时随时分配，不需要时随时释放，这种分配叫动态内存分配。下面我们以有无操作系统这两种情况介绍内存的管理。

当有操作系统时，操作系统会管理所有的硬件内存。由于内存很大，所以操作系统把内存分成一块一块的页面（一块一般是 4KB），然后以页面为单位来管理。页面内用更细小的字节为单位管理。操作系统内存管理的原理非常复杂，那么对我们这些使用操作系统的人来说，不需要了解这些细节，只要通过静态内存分配和动态内存分配就够了。动态内存分配时，操作系统给我们提供了接口，我们只需要用 API 即可管理内存。例如在 C 语言中使用 malloc free 这些接口来动态管理内存。

当没有操作系统时（裸机程序），程序需要直接操作内存，编程者需要自己计算内存的使用和安排，这属于静态内存分配。如果编程者不小心把内存用错了，产生的不良结果就由程序员自己承担。

从系统的角度介绍完，我们再从语言角度来讲：对比几种语言对内存的管理。

（1）汇编语言：根本没有任何内存管理，内存管理全靠程序员自己，汇编中操作内存时直接使用内存地址（譬如 0xd0020010），非常麻烦，但如果用得好，程序执行效率是最高的。

（2）C 语言：C 语言中编译器帮我们管理内存地址，我们都是通过编译器提供的变量名等来访问内存的，操作系统下如果需要大块内存，可以直接通过 API（malloc free）来访问系统内存。裸机程序中所需的大块内存需要自己来定义数组等来解决。

（3）C++ 语言：C++ 语言对内存的使用进一步封装。我们可以用 new 来创建对象（其实就是为对象分配内存），使用完后用 delete 来删除对象（其实就是释放内存）。所以 C++ 语言对内存的管理比 C 语言要高级一些，也容易一些。但是 C++ 中内存的管理还是靠程序员自己来做。如果程序员用 new 创建一个对象，但是用完之后忘记 delete，就会造成这个对象占用的内存不能释放，这就是内存泄漏。

（4）Java/C# 等语言：这些语言不直接操作内存，而是通过虚拟机来操作内存。这样虚拟机作为我们程序员的代理，来帮我们处理内存的释放工作。如果我的程序申请了内存，使用完成后忘记释放，则虚拟机会帮助我释放掉这些内存。听起来似乎 C#/Java 等语言比 C/C++ 有优势，但是其实虚拟机回收内存是需要付出一定代价的。所以说语言没有好坏，只有适应不适应。当程序对性能非常在乎的时候（如操作系统内核），就会用 C/C++ 语言；当我们对开发程序的速度非常在乎的时候，就会用 Java/C# 等语言。

1.3 位、字节、半字、字的概念和内存位宽

1.3.1 深入了解内存（硬件和逻辑两个角度）

在前面我们就已经介绍了什么是内存，这里我们继续深入理解内存。

从硬件角度，内存实际上是电脑的一个配件（一般叫内存条）。根据不同的硬件实现原理，还可以把内存分成 SRAM 和 DRAM（DRAM 又有好多代，如最早的 SDRAM，后来的 DDR1、DDR2、LPDDR……）。

从逻辑角度：内存可以随机访问（随机访问的意思是只要给一个地址，就可以访问这个内存

地址），并且可以读写（当然了，逻辑上也可以限制其为只读或者只写）。内存在编程中的本质是用来存放变量内容的（就是因为有了内存，所以C语言才能定义变量，C语言中的一个变量实际就对应内存中的内存空间）。

1.3.2 内存的逻辑抽象图（内存的编程模型）

对于编程者来说，不需要深入了解内存的电子结构，但是内存的逻辑结构是必须知道的。从逻辑角度来讲，内存实际上是由无限多个内存单元格组成的，每个单元格有一个固定的地址，叫内存地址，这个内存地址和这个内存单元格唯一对应且永久绑定。

为了大家更好地理解，我们以大楼来类比内存。逻辑上的内存就好像是一栋大楼，内存的单元格好比大楼中的一个个小房间，每个内存单元格的地址就好象每个小房间的房间号。内存中存储的内容就好像住在房间中的人。如果我们想要找到一个人和他说点什么，那么我们就必须知道他的房间号 。同理，我们对内存中某个空间操作，前提是我们需要知道它的内存地址。C语言虽然不像汇编、可以写出直接操作内存的指令，但本质的东西是不会变的，内存的硬件构造是不会变的。你不告诉CPU内存地址，CPU就无法控制指令将数据读写到正确的内存空间。所以C语言也不例外，虽然C语言并不会直接操作内存地址，但变量的引入其实就是对内存的操作。在下面左图中，我们给出了一个内存条的逻辑模型，内存地址的排列是从零开始。右图的目的是为了让大家明白，除了内存条还有其他硬件设备也有内存，像显卡内存、网卡内存，但在CPU看来它们和内存条并无二异，只要有地址就可以控制数据的读写。

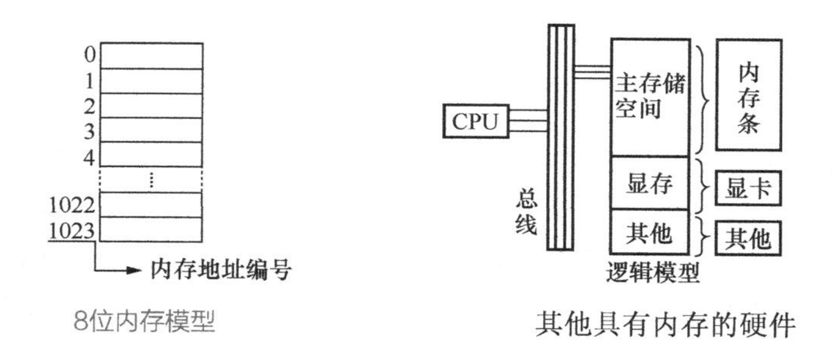

8位内存模型　　　其他具有内存的硬件

逻辑上来说，内存可以有无限大，因为数学上编号是没有尽头的。但是现实中实际的内存大小是有限制的，如32位的系统（32位系统指的是32位数据线，但是一般地址线也是32位，这个地址线32位决定了内存地址只能有32位二进制，所以逻辑上的大小为2的32次幂），内存限制就为4G。实际上32位的系统中可用的内存是小于等于4G的（如32位CPU装32位Windows，但电脑实际可能只配置了512MB内存条）。这里涉及三总线的概念。所谓三总线就是指地址总线、数据总线和控制总线。如我们现在要向内存中写入一个数据，这个过程就是，控制总线上面传输写指令，地址总线上面传输内存地址，而数据总线传输要写入内存的数据。由此可知总线的重要性。我们常常讲多少位CPU，指的就是数据总线位数。数据线越多，一次传输处理的数据就越多，性能也就越好，这也是为什么32位的CPU就比16位的性能强。

地址线的数量决定了它可以寻址内存空间的大小。我们举个简单例子，例如我们有两根地址线，每根地址线上面可以传输0或者1，那两根线就有4种不同的状态，分别是00、01、

10、11。由这 4 种不同的状态就可以确定 4 个地址。如果有 32 根地址线可以确定多少种不同状态？ 2 的 32 次方，也就意味着最高可访问的内存大小为 2 的 32 次幂（4G）。

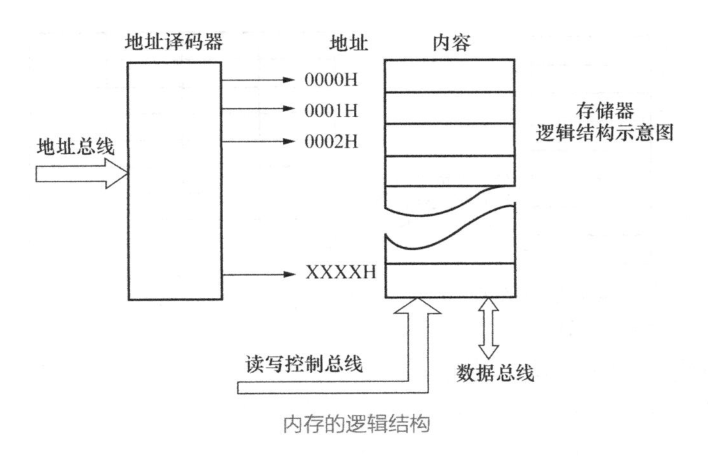

内存的逻辑结构

1.3.3 位和字节

上面讲了内存不可能无限大，那么为了衡量内存大小以及更好地使用内存，我们就需要引入内存单位。内存单位有很多，我们平时经常提到的以 G 为单位的内存，其实对于编程来说，这个单位反而不常用。我们编程往往是操控内存单元。下面首先给出一个单位换算表达式。

1GB=1024MB　1MB=1024KB　1KB=1024B　1B=8bit

这里的 KB 是千字节的意思。注意，计算机里面的千是 1024，而不是 1000。B 是字节（Byte），bit 是位（bit），也叫二进制位，可见它是表示二进制的一位（0 或者 1），我们的代码和数据编译后对应的就是二进制的 0 和 1。除了我们了解的位（1bit）、字节（8bit），还有半字（一般是 16bit）、字（一般是 32bit）。这里我们特别注意，在所有的计算机中，不管是 32 位系统、16 位系统，还是以后的 64 位系统，位永远都是 1bit，字节永远都是 8bit。

1.3.4 字和半字

历史上曾经出现过 16 位系统、32 位系统、64 位系统等，而且操作系统还有 Windows、Linux、iOS 等，所以很多的概念在历史上的定义都很乱。建议大家对字、半字、双字这些概念不要详细区分，只要知道这些单位具体是多少字节，都是依赖于平台的。实际工作中，我们了解了这些平台后，才具体到该平台的“字”是多少位，当然“半字”永远是字的一半，双字永远是字的两倍大小）。编程时一般用不到“字”这个概念，我们区分这个概念主要是因为有些文档中会用到这些概念，如果不加区别可能会造成对程序的误解。

1.3.5 内存位宽（硬件和逻辑两个角度）

内存位宽（内存数据线的数量）是指在一定时间（时间指的是一个时钟周期，不需要了解）内所能传送数据的位数，位数越大，则所能传输的数据量就越大。左图就是一个 8 位的内存逻辑图，右图是 32 位的内存逻辑图。8 位内存模型表示一次可以传送数据的位数为 8 位，32

位内存模型表示一次可以传送数据的位数为32位，所以我们把32位（4个格子）画为一排，学了下面的内存编址你就会更加明白了。

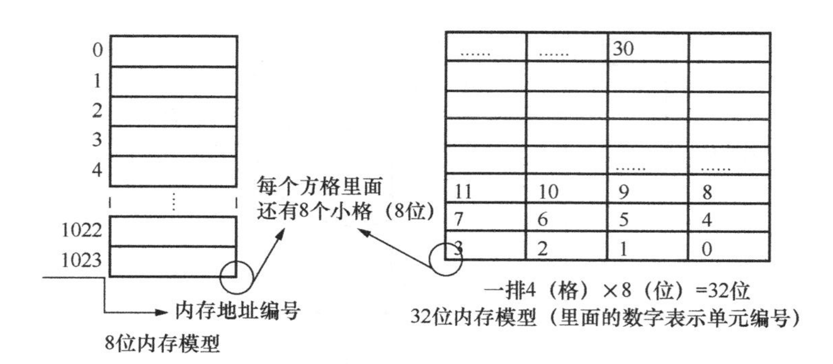

从硬件角度讲：硬件内存的实现本身是有宽度的，也就是说有些内存条就是8位的，而有些就是16位的。那么需要强调的是，内存芯片之间是可以并联的，通过并联，即使8位的内存芯片也可以做出来16位或32位的硬件内存。

从逻辑角度讲：内存位宽在逻辑上是任意的，甚至逻辑上存在内存位宽是24位的内存（但是实际上这种硬件是买不到的，也没有实际意义）。不管内存位宽是多少，对操作不构成影响。但是因为操作不是纯逻辑而是需要硬件去执行的，所以不能为所欲为，我们实际上很多操作都是受限于硬件的特性。如24位的内存逻辑上和32位的内存没有任何区别，但实际硬件都是32位的，都要按照32位硬件的特性和限制来编程。

1.4 内存编址和寻址、内存对齐

1.4.1 内存编址方法

上面我们讲了内存的单位，以及内存的逻辑模型，这节我们会更加详细地介绍这个逻辑模型。内存在逻辑上就是一个一个的格子，这些格子可以用来装东西（里面装的东西就是数据），每个格子有一个编号，这个编号就是内存地址，这个内存地址（一个数字）和这个格子的空间（实质是一个内存空间）是一一对应且永久绑定的。这就是内存的编址方法。

在程序运行时，计算机中CPU实际只认识内存地址，而不关心这个地址所代表的空间怎么分布（硬件设计保证了只要按照这个地址就一定能找到这个格子，这就涉及了内存单元的两个重要概念——地址和空间。那么问题也就来了，我们究竟以多大空间来划分一个格子，并绑定一个地址呢？）。

1.4.2 关键：内存编址是以字节为单位

前面一直提到内存地址，那么我们究竟以多大的内存空间来划分绑定一个地址？答案是：我们以一个字节为基本单元对整个内存进行划分，并且一一绑定地址。常说的一个个内存空间指的就是内存单元。由此可见一个内存单元就是一个字节。如果把内存比喻为一栋大楼，那么这个楼里面的一个一个房间就是一个一个内存单元，每个房间的编号就好比内存单元地址。32根地址线可以找到多大的内存空间？每根线有两种状态，要么是0，要么是1，所以

32根有2的32次幂种状态，每种状态对应一个地址，就有2的32次幂个地址。而内存以字节编址，一个地址对应一个字节，那就有2的32次幂个字节（B），我们把它换算成G，也就是4GB内存，大于4GB内存，对于32位CPU来说将无法寻址。这就好比你只有一个木桶，哪怕你身边有再多大江大河，但你还是只能装一桶水……

$$2^{32}\div(1024\times1024\times1024)=2^{32}\div2^{30}=2^{2}=4(G)$$

注意：$1024=2^{10}$

计算内存大小时，2的10次幂是1024，不是数学上的1000。所以1GB=1024MB，1MB=1024KB，1KB=1024B，因此2^{32}=4GB

在讲内存位宽的时候我们就提到了内存编址，无论是多少位的内存，都是以字节为单位进行内存编址的。下面是64位位宽内存的编址，表示在一定时间（时间指的是一个时钟周期，不需要了解）内所能传送数据的位数是64位，也就是8个内存单元，所以我们把8个单元画成一排。

……	……						
7	6	5	4	3	2	1	0

64位内存模型

1.4.3 内存和数据类型的关系

现在搞清楚了内存单元的划分，我们有必要讨论一下C语言中的基本数据类型：char、short、int、long、float、double。在C语言中，数据类型的本质表示一个内存格子的长度和解析方法。也就是在定义变量时，到底需要给这个变量分配多大空间，按照什么样的方式去解析该空间。用int和char类型定义一个变量时，其分配的空间大小自然是不同的。

当然，在32位系统中定义变量最好用int，这样效率高，因为32位系统中很多硬件本身都是32位的，配合定义的int型变量在内存中恰好分配4个字节，使得软件和硬件对于数据的处理非常契合，这样的工作效率自然就高。32位的硬件配置天生就适合定义32位的int型变量。千万不要单纯地认为定义char型变量由于分配了更少的内存空间，所以效率就更高，因此我们一直强调写程序时要尽量配合硬件特点。

在很多32位系统环境下，当定义bool类型变量时，我们基本都是用int来替代。虽然bool型只需要一个位，但是我们定义一个整型替代时，看似浪费了31个bit，但是好处是效率会高很多。对于现代计算机来说，内存还是很充足的，浪费31个bit并不是一个很大的问题。特别提示一点，int（整型）这个“整”字体现在它和CPU本身的数据位宽是一样的，如32位的CPU，整型就是32位，int就是32位。

问题：实际编程时，节省内存和提高效率到底谁重要？

回答：很多年前内存很贵，因此内存都很少，那时候写代码以省内存为主。现在随着半导体技术的发展，内存变得很便宜了，现在的机器都是高配，不在乎省一点内存，而效率和用户体验变成了关键。所以现在写程序大部分都是以效率为重。

1.4.4 内存对齐

什么是内存对齐，首先这是一个硬件问题。因为是逻辑模型，前面我们为了便于大家理解，在画内存逻辑图的时候并没有体现内存单元的对齐。但此时我们为了分析内存对齐，就需要画出内存的这个特性。内存对齐其实也很好理解。

	......	30	
		......	......
11	10	9	8
7	6	5	4
3	2	1	0

32 位内存模型，单元格中的数是单元格编号。

假设我们现在要在 C 语言中用 int a；定义一个 int 类型变量，在内存中就必须分配 4 个字节来存储这个 a 的数据。下面有两种不同的内存分配思路和策略。

第一种：0 1 2 3　　　　对齐访问

第二种：1 2 3 4 或者 2 3 4 5 或者 3 4 5 6　　　　非对齐访问

内存的对齐访问不是逻辑的问题，而是硬件的问题。从硬件角度来说，对于 32 位的内存，0 1 2 3 这四个单元本身逻辑上就有相关性，四个组合起来当作一个 int，在硬件上就是合适的，效率就高。对齐访问更符合硬件规律，所以效率更高；非对齐访问因为和硬件本身不搭配，所以效率不高。因为兼容性的问题，通常硬件也都提供非对齐访问，但是效率要低很多。一般来说，除了直接使用汇编外，使用高级语言编写程序的时候，内存空间分配都会自动对齐。

1.5 C语言如何操作内存

1.5.1 C语言对内存地址的封装

前面一直谈内存，其间虽然穿插一些 C 语言的内容，但还不够细致、深入。本节将深入分析 C 语言的内存地址封装，如用变量名来访问内存、数据类型的含义、函数名的含义。下面以 C 代码实例分析。

```
int a ;
a = 5;
a += 4;                    // 结果 a 等于 9
```

下面结合内存来解析 C 语言语句的本质。

int a：编译器帮我们申请了一个 int 类型的内存格子（长度是 4 字节，地址是确定的，但是只有编译器知道，我们是不知道的，也不需要知道），并且把符号 a 和这个格子绑定。

a = 5：编译器发现我们要给 a 赋值，就会把这个值 5 丢到符号 a 绑定的那个内存格子中。

a += 4：编译器发现我们要给 a 加值，a += 4 等效于 a = a + 4，编译器会先把 a 原来的值读出来，然后给这个值加 4，再把加之后的和写入 a 里面去，最后这个格子里面存储的内容就是 9。

C 语言中数据类型的本质含义，是表示一个内存格子的长度和解析方法。

数据类型决定长度的含义，如一个内存地址（0x30000000），本来只代表一个字节的长度，但是实际上我们可以通过给它一个类型（int），让它有了长度（4），这样这个代表内存地址的数字 0x30000000，就能表示从这个数字开头的连续 n（4）个字节的内存格子了，即 0x30000000 + 0x30000001 + 0x30000002 + 0x30000003。

数据类型决定解析方法的含义是：假如有一个内存地址（0x30000000），我们可以通过给这个内存地址不同的类型来指定这个内存单元格子中二进制数的解析方法。如 int 的含义就是 0x30000000 + 0x30000001 + 0x30000002 + 0x30000003 这四个字节连起来共同存储的是一个 int 型数据；那 float 的含义就是 0x30000000 + 0x30000001 + 0x30000002 + 0x30000003 这四个字节连起来共同存储的是一个 float 型数据。

int a；时，编译器会自动分配一块内存出来，假设这里是 32 位操作系统，那么 int 就是 4 个字节，如果这块内存的第一个字节（首字节）地址为 0x12345678，编译器会将变量名 a 与这个首字节地址绑定，对 a 进行存取与操作，实际上就是向 0x12345678 开始的 4 个字节空间进行读写操作。

```
float a;
(int *)a;                    // 等价于分配一块指针类型的空间，并且把地址和变量名关联
```

最后我们谈谈 C 语言中的函数，不知道你是否思考过 C 语言中函数调用是如何实现的，主调函数是如何找到那些被调函数的。在 C 语言中，函数就是一段代码的封装。函数名的实质就是这一段代码的首地址，所以说函数名的本质也是一个内存地址。有了函数名（指针），也就是有了地址，我们才实现了函数的调用。

1.5.2 用指针来间接访问内存

我们常常把 C 语言中的指针列为难点对象，很多人始终搞不清楚指针，其实这就需要你掌握我们前面讲的那些东西。下面我们就以前面的知识为基础，啃下这根难啃的骨头。

指针是什么？我们的回答是指针就是地址。说得再全面一点，指针是一个变量，且这个变量是专门用来存放地址的。这就好比你想给 A 打电话，但你不知道 A 的电话号码，但你知道 C 有 A 的电话号码，而且你也有 C 的电话，这样你就可以间接地通过 C 来找到 A。指针也是如此。通过下面的例子我们就可以看出用指针变量 p 来间接地获取了变量 a 的内容。

```
# include <stdio.h>
int main (void)
{
    int a=5;                    // 开辟一块整型类型的内存空间，里面放入数据 5
            并且把该内存空间的地址和变量名 a 相关联
    int *p=&a;                  // 开辟一块指针类型的内存空间，里面放入 a 的
                                // 地址数据，并且把空间地址和变量名 p 相关联
    printf("%d",*p);            // * 是取内容符，也就是取一个地址所对应空
                                // 间里面的内容，*p 就是 *（a 的地址）也就是取 a 地
                                // 址所对应空间里的内容，那就是 5
    return 0;
}
```

1.5.3　指针类型的含义

C 语言中的指针，全名叫指针变量，指针变量其实和普通变量没有任何区别（不管 int float 等，还是指针类型 int * 或者 float * 等）。只要记住：类型只是对其所修饰的数字或者符号所代表内存空间的长度和解析方法的规定。如 int a 和 int *p 其实没有任何区别，a 和 p 都代表一个内存地址（如 0x20000000），但是这个内存地址 0x20000000 的长度和解析方法不同。a 和 b 的空间大小虽然都是 4 个字节（碰巧），但是解析方法是截然不同的，前者解析方法是按照 int 的规定来的；后者按照 int * 方式解析。对于 int *p 来说，表示变量 p 里面存放的是一个地址，这个地址指向的空间用于存放一个 int 型的整数。

1.5.4　用数组来管理内存

数组和变量其实没有本质区别，只是符号的解析方法不同（普通变量、数组、指针变量其实都没有本质差别，都是对内存地址的解析，只是解析方法不一样）。我们知道数组定义就是在内存中开辟一块连续的内存空间，并且数组名就是其开辟的内存空间的首地址。也就是说，数组名就相当于一个指针，它里面放着这个数组的首元素地址（如 &a[0]）。由此定义我们可以知道，定义数组就是一次性定义一堆变量，并且这些变量在内存中开辟的空间地址是连续的，第一个变量 a[0] 的地址记录在数组名 a 中。

```
int a;              // 编译器分配 4 字节长度给 a，并且把首地址和符号 a 绑定起来
int a[10];          // 编译器分配 40 个字节长度给 a，并且把首元素首地址和符号 a 绑定起来
```

下面我们做个实验：为了大家更加容易理解，我们把一个数组中的元素地址输出看看。

```
#include <stdio.h>
int main (void)
{
    int a[5]={5,4,3,2,1};// 定义数组
    printf("%p,%p,%p,%p,%p,%p\n",a,&a[0],&a[1],&a[2],&a[3],&a[4]);
    // %p 是以地址形式输出（也就是 16 进制）。在我的计算机中运行
    // 后输出的结果是：
    // 0018FF34,0018FF34,0018FF38,0018FF3C,0018FF40,0018FF44
    // 我们可以看出，在当前编译器下，编译器为每一个元素分配 4
    // 个字节的空间
```

```
    // 并且它们的地址是连续的。也可以看出数组名就是首元素
    // 的地址
    return 0;
}
```

下面我们给出对应上面程序的内存逻辑图，前面为了便于大家理解，内存地址全部是十进制，实际上，我们一般用十六进制表示内存地址。

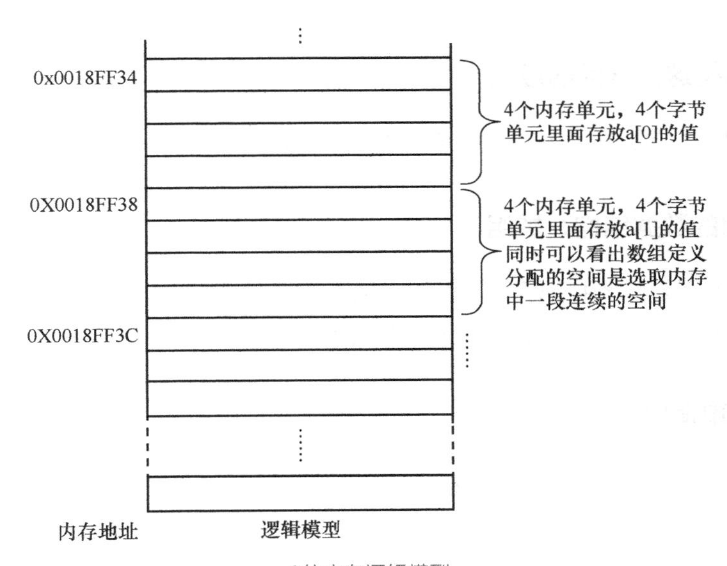

8位内存逻辑模型

数组中第一个元素（a[0]）称为首元素；每一个元素类型都是 int，所以长度都是 4，其中第一个字节的地址称为首地址；首元素 a[0] 的地址称为首元素地址。由上面的图可以看出，第三个元素的地址也就是 a[2] 的地址，可以由第一个元素 a[0] 的地址推出，因为数组元素的地址是连续的。也就是 a[0] 的地址（a）加 1 就是 a[1] 的地址，加 2 就是 a[2] 的地址。可能此时你就有疑问了，不对啊，a[0] 的地址加 1 不是 0x0018FF35 吗？其实不是的，我们一直强调数据类型的重要性，其中一点就是解析方法。int* 的数据类型，编译器解析的时候就知道是以 4 个字节的跨度来依次分配。你写的 a+1，编译器就会明白是指 a[1] 的地址，也就是首地址加 4。你写 a+2，编译器就会明白是 a[2] 的地址，也就是首地址加 8，依次类推。如果你还是不够明白，我们举个例子。当你确定我们是一个人的时候，那我们就是一个完整的人，此时对于我们的划分就是一个人、两个人，不能是 1/2 个、1/3 个。当然我们不是单纯地为了研究数组中元素的地址，我们的最终目的是想通过元素中的地址找到该元素的值。

```
#include <stdio.h>
int main (void)
{
    int a[5]={5,4,3,2,1};       // 定义数组
    printf("%p,%p,%p,%p\n",a,a+1,a+2,a+3);
    // 输出结果是：0018FF34,0018FF38,0018FF3C,0018FF40
    // 以首地址为基础，依次加 1，加 2，加 3，也就是 a[1],a[2],a[3] 的地址
    printf("%d,%d,%d,%d\n",a[0],*a,*(a+1),*(a+3));
    // 第一个应该输出 5，也就是首元素 a[0]
    // 第二个也是 5，原因是 a 相当于指针变量，里面放着 a[0] 的地址
```

```
    // 所以取该地址所对应的内容，也就是 a[0] 的值
    // 第三个值是 4，*（a+1）取（a+1）地址里面的内容，也就是 a[1] 的值 4
    // 第四个输出是 2，取 a+3 后的地址所对应的内容，a+3 后的地址也就
    // 是 a[3] 的地址。取其内容就是 a[3] 的值 :2
    return 0;}
```

1.6 内存管理之结构体

1.6.1 数据结构这门学问的意义

数据结构就是研究数据如何组织（在内存中排布）、如何加工的学问。

1.6.2 最简单的数据结构：数组

为什么要有数组？因为程序中有好多个类型相同、意义相关的变量需要管理，这时候如果用单独的变量的话，会使得程序看起来比较杂乱；用数组更便于管理，而且定义简单、使用方便。

1.6.3 数组的优缺点

优点：数组定义简单，而且访问也很方便。

缺点：

- 数组中所有元素类型必须相同；
- 数组大小必须定义时给出，而且在大多数情况下，数组的空间大小一旦确定后就不能再改；
- 数组的空间必须是连续的，这就造成数组在内存中分配空间时必须找到一块连续的内存空间。所以数组不可能定义得太大，因为内存中不可能有那么多大的连续的内存空间，而解决这个问题的方法就是使用链表。我们这里先不讲，后面的章节会讲到。

1.6.4 结构体隆重登场

结构体发明出来就是为了解决数组的第一个缺点——数组中所有元素类型必须相同。有时候，我们在描述事物时，不得不从多个方面描述，如下面的例子。

```
    我们要管理 3 个学生的年龄（int 类型），怎么办？
    第一种解法：用数组              int ages[3];
    第二种解法：用结构体
        struct ages
        {
            int age1;
            int age2;
            int age3;
        };
        struct ages age;
```

在这个示例中，数组要比结构体好。但是不能说数组就一定比结构体好，如果元素类型不同时，就只能用结构体而不能用数组了。

```
struct people
{
    int age;                    // 人的年龄
    char name[20];              // 人的姓名
    int height;                 // 人的身高
};
```

因为 people 的各个元素类型不完全相同，所以必须用结构体，没办法使用数组。

由上面的例子我们可以看出，结构体属于聚合数据类型，提供一种把各种相关且类型可能不同的数据组合到一起的手段。而数组是同种数据类型的集聚。结构体变量在被定义后，编译器在编译的时候会为所有成员分配空间。向函数传递结构时，实际上是传递结构成员的值，即都是值传递方式（包括用结构体变量作为函数参数以及函数返回值也是结构体变量的情况）。由此也可看出，结构体变量名代表的是整个结构体变量，而不像数组名代表地址。除了简单结构体外，向函数传递整个结构体变量存在很大的缺陷，因为当执行函数调用时，数据压栈需要开销（为什么会调用压栈，下节我们就讲）。这对于多成员结构或成员中有数组的结构，运行性能会严重恶化。解决的方案是，传递结构体变量的指针。向函数传递结构指针时，压栈的仅仅是结构体变量的地址，而使得函数调用非常快。传递结构体变量地址的另一个优点是，函数还可以修改被传递结构体变量的成员值。

1.6.5 题外话：结构体内嵌指针实现面向对象

总体来说，C 语言是面向过程的，但是 C 语言写出的 Linux 系统是面向对象的。非面向对象的语言，其实也是可以使用面向对象的思想来编写程序的。只是说用面向对象的语言来实现面向对象的编程会更加简单一些，所以我们会觉得用 C++、Java 等面向对象语言来实现面向对象的开发更容易接受，而使用 C 语言来实现面向对象的开发相对不容易理解些，这就是为什么大多数人学过 C 语言却看不懂 Linux 内核代码。

```
structs
{
    int age;                    // 普通变量
    void (*pFunc)(void);        // 函数指针，指向 void func(void)
                                // 这类的函数
};
```

使用这样的结构体就可以实现面向对象，这样包含了函数指针的结构体就类似于面向对象中的 class，结构体中的变量类似于 class 中的成员变量，结构体中的函数指针类似于 class 中的成员方法。

1.7 内存管理之栈（stack）

1.7.1 什么是栈

我们常常听人说堆栈，但大家一定要明确区分：堆就是堆，栈就是栈。我们平常说的堆栈一

般是指栈。那栈的本质是什么？栈是一种数据结构，C 语言中使用栈来保存局部变量（注意，下文中不强调的情况下，局部变量均指非静态局部变量）。栈是被发明出来管理内存的，是一种维护内存的机制，这就是栈的本质。

1.7.2 栈管理内存的特点（小内存、自动化）

栈的特点是入口即出口，只有一个口，另一个口是堵死的。所以先进去的后出来，也就是先进后出，而与栈特点相对的就是先进先出，也就是队列。队列的特点是入口和出口都有，必须从入口进去，从出口出来，所以先进去的必须先出来，否则就堵住后面的。

```
先进后出 FILO    first in last out     栈
先进先出 FIFO    first in first out    队列
```

为了大家更形象地理解，我们给出两张图。栈就好比往一个容器里面放东西，只有一个口，先放进去的只能后来拿出，后来放进去的，可以最先拿出。而队列就好比一列火车或者排着队列的军队。走在最前面的也是最早通过隧道的，先进先出。

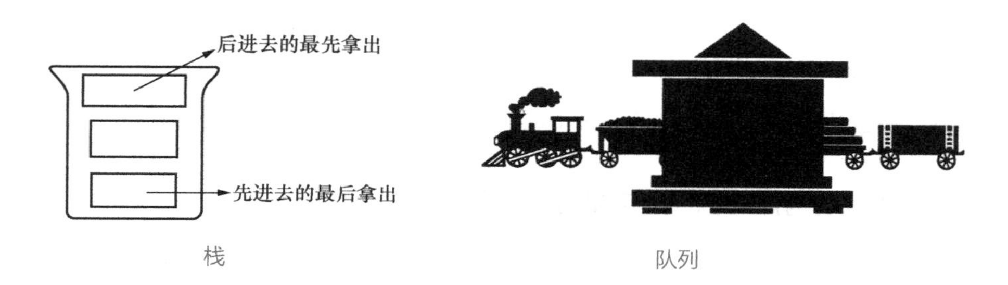

栈　　　　队列

1.7.3 栈的应用举例：局部变量和函数调用

C 语言中的局部变量是用栈来实现的。

我们在 C 语言中定义一个局部变量时（int a），编译器会在栈中分配一段空间（4 字节）给这个局部变量用。分配时栈顶指针会移动出 4 个字节空间给局部变量 a 用的意思就是，将这 4 字节的栈内存的内存地址和我们定义的局部变量名 a 关联起来，对应的栈操作为入栈，就是将数据存入变量 a 中。需要注意的是，这里栈指针的移动和内存分配是自动完成的，不需要程序参与。

然后等我们函数退出的时候，局部变量就会被释放。对应的操作是弹栈（出栈）。出栈时也是栈顶指针移动，将栈空间中与 a 关联的那 4 个字节空间释放，这个动作也是自动的，不需要人为干预。所以我们在写代码的时候，一定不要从被调函数返回一个局部变量的地址给主调函数，因为在函数执行完后局部变量就释放了，这个地址里面的内容有可能被新的内容填充。这时如果你在主调函数里面使用它，就很有可能造成数据错误。

除了保存局部变量，栈对于函数调用来说也是至关重要的，栈保存着函数调用所需的所有维护信息。我们都知道，函数调用时，程序跳到被调函数内部，执行完后返回当前位置接着执行。这就好比你去一个陌生的地方探险，我们的目的是去寻求刺激，但是我们最后还是希望可以平安回家。在旅行前就必须做一些准备（如多带水、带指南针，等等）。我们的函数在调用时，跳到被调函数之前也是要做诸多准备的。对于函数来说，最起码它要找到回家的路，也就是被调函数的下一行代码的地址（为返回做准备），以及当前相关的局部变量值、寄存器的值等重要信息。之所以保存这些信息是怕在被调函数运行时，由于子函数会用到与主调函数一样的寄存器，而造成主调函数正在使用的寄存器数据破坏，在函数返回时，栈里面的数据弹出，即使寄存器被用过也没关系，弹出数据会使寄存器里面的值覆盖为调用以前，从而复原调用以前的现场。这些值保存在哪里呢？就保存在栈里。在函数调用时，将这些东西压入栈，在被调函数执行完，栈再弹出这些值。

以栈方式管理内存，好处是方便，分配和最后回收都不用程序员操心，C 语言（背后的运行时系统）会自动完成。

分析一个细节：在 C 语言中，定义局部变量时如果未初始化，则值是随机的。为什么？

定义局部变量，其实就是在栈中通过移动栈指针，来给程序提供一个内存空间和这个局部变量名绑定。因为这段内存空间在栈上，而栈内存是反复使用的（脏的，上次用完没清零的），所以说使用栈来实现的局部变量定义时如果不初始化，里面的值就是一个垃圾值。由此我们扩展一下，其实不仅仅是局部变量，所有的变量在定义时只是在内存中分配一块空间，并没有对这块空间进行任何的初始化。如果这块内存以前被用过，里面的数据还在，那它对于我们来说是没有任何意义的垃圾值。而且有时候这些数据会对我们的编程造成错误。所以我们一定要初始化变量，也就是用新的、有用的数据覆盖掉以前的数据。可能你会有个问题，那些以前用过的内存经过操作系统回收后，为什么里面还有数据。其实操作系统仅仅是回收这些内存，告诉其他程序可以用了，但并不删除这些内存里面的数据。

C 语言通过一个小手段来实现局部变量的初始化。

```
int a = 15;          // 局部变量定义时初始化
```

C 语言编译器会自动把这行转成：

```
int a;               // 局部变量定义
a = 15;              // 普通的赋值语句
```

1.7.4 栈的约束（预定栈大小不灵活，怕溢出）

首先，栈是有大小的。而且栈的大小是可以设置的，只是栈内存大小不好选择。如果太小怕溢出，太大怕浪费内存（这个缺点有点像数组）。

其次，栈的溢出危害很大，一定要避免。所以，在 C 语言中定义局部变量时不能定义太多或者太大（如不能定义局部变量时 int a[10000]；使用递归来解决问题时一定要注意递归收敛）。

第01章

1.8 内存管理之堆

1.8.1 什么是堆

堆（heap）也是一种动态内存管理方式。内存管理对操作系统来说是一件非常复杂的事情，因为首先内存容量很大，其次内存需求在时间和大小块上没有规律（操作系统上运行着的几十、几百、几千个进程随时都会申请或者释放内存，申请或者释放的内存块大小随意）。

堆这种内存管理方式特点就是自由（随时申请、释放，大小块随意）。我们前面就讲过这两个 API（malloc 和 free），那时候我们只是讲了用这两个接口可以申请和释放内存，但并没有说是从什么地方申请，以及通过什么申请。其实它们申请释放的内存来源于堆内存，然后向使用者（用户进程）提供 API（malloc 和 free）来使用堆内存。我们什么时候使用堆内存？需要内存容量比较大时，以及需要反复使用及释放时（动态特性），很多数据结构（譬如链表）的实现都要使用堆内存。

1.8.2 堆管理内存的特点（大块内存、手工分配/使用/释放）

特点一：容量不限，动态分配（常规使用的需求容量都能满足）。当然也并不是完全不限，因为它毕竟建立在内存的基础上，所以在申请堆内存的时候一定要注意 malloc 函数的返回值，如果返回值是 NULL，就是申请空间失败。而所谓动态，就是指程序在运行中取得内存空间，而不是编译时就确定好固定大小的内存空间。

特点二：申请和释放都需要手工进行。手工进行的含义就是需要程序员写代码明确进行申请（malloc）及释放（free）。如果程序员申请内存但使用后并不释放，这段内存就丢失了（在堆管理器的记录中，这段内存仍然属于你这个进程，但是进程会认为这段内存已经被占用，再用的时候又会去申请新的内存块），这称为内存泄漏。在 C/C++ 语言中，内存泄漏是最严重的程序 bug，这也是别人认为 Java/C# 等语言比 C/C++ 优秀的地方。

1.8.3 C语言操作堆内存的接口（malloc/free）

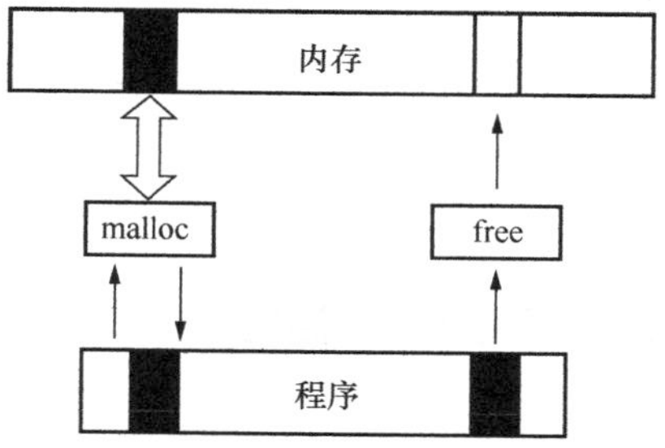

堆内存释放时最简单，直接调用 free 释放，即 void free(void *ptr);。

堆内存申请时，有三个可选择的兄弟函数：malloc、calloc 和 realloc。和 malloc 相比，它的两个兄弟 calloc，realloc 在功能上更加强大。二弟 calloc 会将返回的内存初始化为 0，而三弟 realloc 可以修改原先已经分配的内存块的大小。而 malloc 只是单纯地从内存中申请固定大小的内存。

```
void *malloc(size_t size);
void *calloc(size_t nmemb, size_t size);  // nmemb个单元，每个单元size字节
void *realloc(void *ptr, size_t size);    // 改变原来申请的空间的大小的
```

如要申请 10 个 int 元素的内存，如下所示。

```
malloc(40);          malloc(10*sizeof(int));
calloc(10, 4);       calloc(10, sizeof(int));
```

数组定义时，必须同时给出数组元素个数（数组的大小），而且一旦定义再无法更改。在 Java 等高级语言中，有一些语法技巧好像可以更改数组大小，但其实这只是一种障眼法。它的工作原理是：先新建一个新需求大小的数组，再将原数组的所有元素复制进新的数组，然后释放掉原数组，最后返回新的数组给用户。堆内存申请时必须给定大小，然后一旦申请完成则空间大小不变，如果要变，只能通过 realloc 接口。realloc 的实现原理类似于上面介绍的 Java 中可变大小数组的方式。

1.8.4 堆的优势和劣势（管理大块内存、灵活、容易内存泄漏）

优势：灵活。

劣势：需要程序员去处理各种细节，所以容易出错，严重依赖于程序员的水平。

局部变量存在于栈（stack）中，全局变量存在于静态数据区中，动态申请数据存在于堆（heap）中。

1.8.5 静态存储区

我们现在知道，非静态局部变量存储在栈中，但程序中不仅仅只有非静态局部变量，还有静态局部变量和全局变量。静态局部变量和全局变量存储在静态存储区。编译器在编译程序时就确定了静态存储区的大小，静态存储区随着程序运行而分配空间，直到程序运行结束才释放内存空间，这也正是我们定义静态变量或者全局变量的目的。相比于栈，静态存储区对内存的操作比较简单，就是在编译期分配一块确定大小的内存，用来存储数据。局部变量存在于栈（stack）中，全局变量和静态局部变量存在于静态存储区中，动态申请数据存在于堆（heap）中。这里我们做个比喻，栈、堆、静态存储区相当于程序中的三国，它们的地盘就是内存，它们对各自地盘的施政（对内存的管理）方针也各不相同。

课后题

1. 哈佛结构基本的特点是____。（软考题）

   A. 采用多指令流单数据流　　B. 程序和数据存在不同的存储空间
   C. 采用堆栈操作　　D. 存储器按照内容选择地址

2. 计算机的体系结构一般分为冯・诺伊曼结构和哈佛结构两种，以下对哈佛结构的叙述中，不正确的是____。（软考题）

A. 程序和数据保存在同一物理存储器上　　B. 指令和数据可以有不同的宽度
C. DSP 数字信号处理器是哈佛结构　　D. ARM9 核是哈佛结构

3. 若内存容量为 4GB，字长为 32，则____。（软考题）

A. 数据总线和地址总线的宽度都为 32（bit）
B. 地址总线的宽度为 30，数据总线的宽度为 32（bit）
C. 地址总线的宽度位 30，数总线的宽度为 8（bit）
D. 地址总线的宽度为 32，数据总线的宽度为 8（bit）

4. 请描述程序的作用以及计算机运行程序的目的。

5. 简单描述内存的管理。

6. 简述数组的内存特点。

7. 简述数据类型在开辟内存空间时的作用。

第 02 章

C语言位操作

2.1 引言

位运算在 C 语言中有很重要的地位。我们知道底层驱动基本都是采用 C 语言编写的，驱动之所以能够操作硬件，是因为能够实现对寄存器的控制。在实现对寄存器控制时，必须通过位操作的运算才能够实现，因此可以想见位操作对于底层驱动程序的重要性。

在本章中，我们除了讲解位操作的基本用法，如位与、位或、位取反、移位、异或等，后面我们还会讲解如何将位运算与宏定义结合使用。因为在底层程序中，大多数的位操作都是通过宏定义的形式去实现。

2.2 常用位操作符

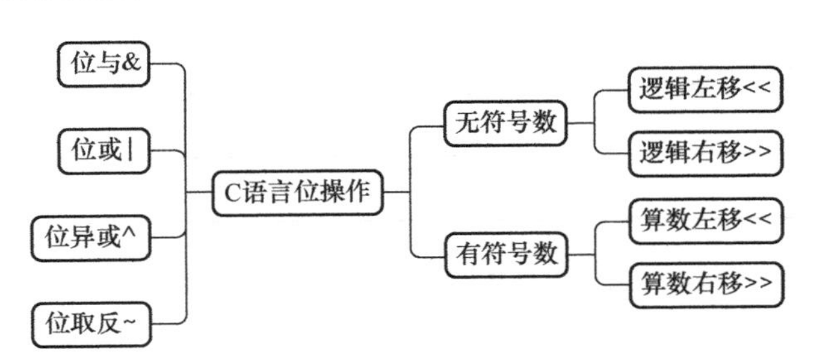

2.2.1 位与（&）

位与就是对数的二进制位进行运算。两个数每个二进制位的运算规则按照如下规则运算。该规则就是其真值表。

&	0	1
0	0	0
1	0	1

从其运算规则（真值表）可以看出，只有 1 和 1 进行与运算的结果是 1，其余的全是 0。如果我们将 1 当做真，0 当做假的话，按照与运算的要求，两个为真才为真，只要有一个为假就为假。好了，我们看下面一个例子。

```
3 & 5 = ?
```

❶ 分析可知这两个是十进制数，所以先把这两个数都转化为二进制数。

3 转化二进制：0b0011

5 转化二进制：0b0101

❷ 将这两个数的二进制形式按照上面的运算规则进行按位与运算。

```
    0b0011  (3)
&   0b0101  (5)
=   0b0001  (1)
```

❸ 将得到的二进制结果 0b0001 变为十进制，十进制结果为 1。

所以可以得出结论：3 & 5 = 1。

扩展：&（按位与）和 &&（逻辑与）的区别

&&（逻辑与）是将要运算的两个数看做一个整体，而这个整体如果是 0，则该数被定义成逻辑假（0）；如果该数不为 0（不管是正的还是负的），则被定义成逻辑真（1）。来看几个小例子。

```
3 && 5 = ?
```

分析：3（逻辑真），5（逻辑真），真 && 真 = 真，所以结果为真，即 3 && 5 = 1。

```
3 && 0 = ?
```

分析：3（逻辑真），0（逻辑假），真 && 假 = 假，所以结果为假，即 3 && 0 = 0。

```
3 && -5 = ?
```

分析：3（逻辑真），-5（逻辑真），真 && 真 = 真，所以结果为真，即 3 && -5 = 1。

2.2.2 位或（|）

对两个数的二进制位进行或运算，其真值表如下。

|	0	1
0	0	1
1	1	1

从其真值表可以看出，只有0和0进行或运算的结果是0，其余的全是1。对于位或运算来说，运算的两个位，只要有一个为1结果就为1，否则都为0。如下面这个例子。

```
3 | 5 = ?
```

❶ 将十进制转化为二进制。

3 转化为二进制：0b0011

5 转化为二进制：0b0101

❷ 对这两个数的二进制形式按照上面的运算规则进行按位或运算。

```
    0b0011  (3)
|   0b0101  (5)
=   0b0111  (7)
```

❸ 将二进制结果 0b0111 转化为十进制，十进制结果为 7。

所以可以得出结论：3 | 5 = 7。

扩展：|（按位或）和 ||（逻辑或）的区别

||（逻辑或）是将要运算的两个数都看成一个整体，而这个整体如果是 0，则该数被定义成逻辑假（0）；如果该数不为 0（不管是正的还是负的），则被定义成逻辑真（1）。来看下面这个小例子。

```
3 || 5 = ?
```

分析：3（逻辑真），5（逻辑真），真 || 真 = 真，所以结果为真，即 3 || 5 = 1。

```
0 || 0 = ?
```

分析：0（逻辑假），0（逻辑假），假 || 假 = 假，所以结果为假，即 0 || 0 = 0。

```
3 || -5 = ?
```

分析：3（逻辑真）-5（逻辑真），真 || 真 = 真，所以结果为真，即 3 || -5 = 1。

2.2.3 位取反（~）

位取反就是将操作数的二进制位逐个按位取反（1 变成 0，0 变成 1），其真值表如下。

```
~0 = 1
~1 = 0
```

从上真值表中不难发现规律，取反后，1 变 0，0 变 1，比如下面这个例子。

```
~10 = ?
```

❶ 将十进制转化为二进制。

10 转化为二进制：0b1010

❷ 对操作数的二进制形式按位取反。此处为了方便说明，暂时不考虑更高位补齐。实际编程位取反时要考虑取反的数的数据类型，然后在高位补足 0，这时 0 会在取反时变为 1。

```
~   0b1010   (10)
    0b0101   (5)
```

❸ 将二进制结果 0b0101 转化为十进制，结果为 5。

所以可以得出结论：~10 = 5

扩展：~（按位取反）和 !（非）的区别

!（非）是将操作数看成一个整体，而这个整体如果是 0，则该数被定义成逻辑假（0）；如果该数不为 0（不管是正的还是负的），则被定义成逻辑真（1）。来看几个小例子。

```
!10 = ?
```

分析：10（逻辑真）非真就是假，所以结果为假，即 !10 = 0。

```
!0 = ?
```

分析：0（逻辑假）非假就是真，所以结果为真，即 !0 = 1。

```
!(-10) = ?
```

分析：−10（逻辑真）非真就是假，所以结果为假，即 !(−10) = 0。

2.2.4 位异或（^）

位异或就是将两个数的二进制位进行位异或运算。位运算的真值表如下。

^	0	1
0	0	1
1	1	0

从其运算规则（真值表）可以看出，两个位如果相等，结果为 0，不等则结果为 1。比如下面的例子。

```
3 ^ 5 = ?
```

❶ 将十进制转化为二进制。

3 转化为二进制：0b0011

5 转化为二进制：0b0101

❷ 将这两个数的二进制形式按照上面的运算规则进行按位与运算。

```
   0b0011  (3)
^  0b0101  (5)
=  0b0110  (6)
```

❸ 将二进制结果 0b0110 转为十进制，十进制结果为 6。

0b0110 转化为十进制：6

所以可以得出结论：3 ^ 5 = 6。

2.2.5 左移位（<<）

左移位就是将一个操作数的各二进制位全部左移若干位，左边移出去的二进制位丢弃，右边空出的二进制位补 0。话不多说，来看个例子。

```
5 << 2 = ?
```

❶ 将十进制化为二进制。

5 转化为二进制：0b00000101

❷ 对操作数 0b00000101 开始进行左移位两次。

```
                              0b00000101  (5)
```

第一次左移位　0b00001010 (10) = 5 * 2

第二次左移位　0b00010100 (20) = 10 * 2

❸ 将二进制结果 0b00010100 转为十进制，十进制结果为 20。

所以可以得出结论：5 << 2 = 20。在这个移位的过程中，我们也发现了一个规律，每进行一次左移位操作，得到的结果是原操作数的一倍（x << n = x * 2^n）。

2.2.6 右移位（>>）

右移位就是将一个操作数的各二进制位全部右移若干位，左边的二进制位补 0 或者补 1（如果操作数是无符号数或有符号正数就补0，如果是有符号负数就补1），右边的二进制位丢弃。话不多说，来看例子。

```
5 >> 2 = ?  (-5) >> 2 = ?
```

❶ 将十进制转化为二进制。

5 转化为二进制：0b00000101

-5 转化为二进制：0b11111011

❷ 对操作数 0b00000101 开始进行右移位两次。

	0b00000101 (5)	0b11111011 (-5)
第一次右移位：	0b00000010 (2) = 5 / 2	0b11111101 (-3)
第二次右移位：	0b00000001 (1) = 2 / 1	0b11111110 (0)

❸ 将得出的结果（二进制）还原成十进制形式。

0b00000001 转化为十进制：1

0b11111110 转化为十进制：0（按照负数解析）

所以可以得出结论：5 >> 2 = 1。在这个移位的过程中，我们也同样发现了一个规律，每进行一次右移位操作，得到的结果是原操作数的一半（x >> n = x / 2^n）。

2.3 位操作与寄存器

2.3.1 寄存器的操作

一般来说，一个 SOC 片内外设由若干个寄存器控制，IO 操作的寄存器与内存统一编址，如果我们要操作片内外设，那么就是操作片内外设的控制寄存器。因此，控制硬件就是读写寄存器（寄存器亦可理解为特定地址的内存）。

SOC 中一个寄存器的数据宽度一般是 32bit，每个 bit 可以配置为 0 或者 1，单个 bit 或相邻几个 bit 一起控制片上外设某个属性的状态。单个 bit 最多控制两种状态，三个 bit 最多控制 8 种状态。因此寄存器的特定 bit 配置为 0 或 1，就可以实现对硬件的控制。

然而，CPU 对寄存器读写一般都是按照寄存器的数据宽度一起读写（部分寄存器可以按照位读取，这里不讨论），即 32bit 读出，32bit 写入。假设我们只想修改寄存器其中某个属性的状态，即修改寄存器特定位。那么就只能先整体读出来，然后将需要修改的部分修改后，再将修改后的值整体写入寄存器中，即读 - 改 - 写三部曲。并且我们只能修改需要修改的位，不能影响其他位。对寄存器特定位的操作分三种情况：清零、置 1 和取反。

2.3.2 寄存器特定位清零用&

如果希望将一个寄存器的某些特定位变成 0 而不影响其他位，可以构造一个合适的 1 和 0 组成的数，和这个寄存器原来的值进行位与操作，就可以将特定位清零。假设原来 32 位寄存器 REG1 中的值为 0xAAAAAAAA，我们希望将 bit8~bit15 清零而其他位不变，将这个数与 0xFFFF00FF 进行位与即可。

```
REG1 &= 0xFFFF00FF;
```

经过上式的读 - 改 - 写后，REG1 中的值为 0xAAAA00AA，达到了特定位清零的目的。

2.3.3 寄存器特定位置1用|

如果希望将一个寄存器的某些特定位变成 1 而不影响其他位，可以构造一个合适的 1 和 0 组成的数，和这个寄存器原来的值进行位或操作，就可以将特定位置 1。假设原来 32 位寄存器 REG1 中的值为 0xAAAA00AA，我们希望将 bit8~bit15 置 1 而其他位不变，将这个数与 0X0000FF00 进行位或即可。

```
REG1 |= 0x0000FF00;
```

经过上式的读 - 改 - 写后，REG1 中的值为 0xAAAAFFAA，达到了特定位置 1 的目的。

2.3.4 寄存器特定位取反用~

如果希望将一个寄存器的某些特定位 0 变成 1，而 1 变成 0，即取反而不影响其他位，可以构造一个合适的 1 和 0 组成的数，和这个寄存器原来的值进行位异或操作，就可以将特定位取反。假设原来 32 位寄存器 REG1 中的值为 0xAAAAAAAA，我们希望将 bit8~bit15 取反而其他位不变，将这个数与 0X0000FF00 进行位异或即可。

```
REG1 ^= 0x0000FF00;
```

经过上式的读 - 改 - 写后，REG1 中的值为 0xAAAA55AA，达到了特定位取反的目的。

学完本节，你会发现配置寄存器操作并没有想象的那么难，只要我们学会设置位操作的特定的构造数就行了。上面举的例子是 bit8~bit15，很好算。但如果要构造一个 bit1、bit3~bit5、bit15~bit17 位为 1 的数。傻眼了？一步步来，先用二进制挨个排列好 0011 1000 0000 0011 1010，再换算成十六进制 0X0003803A，总算算出来了。是不是非要这么麻烦呢？我们既然已经学习了位运算，能不能用位运算构建一个构造数呢？

2.4 位运算构建特定二进制数

由前面可知，对寄存器特定位进行置 1、清零或者取反，关键点在于要事先构建一个特别的数，这个数和原来的值进行位与、位或、位异或操作，即可达到我们对寄存器操作的要求。

自己去算这个数，显然既费时又费脑，虽然依托工具也可以算出来，但缺点就是不直观。如 0X0003803A 这个数谁能一下报出转换为二进制后为多少？太难了。既然如此，我们完全可以使用位运算（位与、位或、取反等等）快速地构建我们需要的操作数。

2.4.1 使用移位获取特定位为1的二进制数

最简单的就是用移位来获取一个特定位为 1 的二进制数。如我们需要一个 bit3~bit7 为 1（隐含意思就是其他位全部为 0）的二进制数。

❶ 我们可以用计算器或者直接用脑子去想。

这个数便是 0b11111000 = 0xf8，而这个数并不容易一下就能想出来。

❷ 我们来利用二进制构造。

分析 bit3~bit7 为 1，则该数是由 5(7−3+1) 个二进制的 1 构成的，只不过是从 bit3 开始连续排布的，所以我们就想构造一个从 bit0 开始连续排布的 5 个二进制 1，左移 3 位即可实现。而这个数很容易就可以想出来，它就是 0x1f，现在对这个数左移 3 位 (0x1f << 3) 是不是就实现了呢。

也许，这个对比还不是很明显，我们再来看一个例子：获取 bit3~bit7 为 1，同时 bit23~bit25 为 1，其余位为 0 的数。

❶ 这个时候你用脑子去想是不是开始觉得头大了。

好了，你可以用笔或者计算器算下。这个数是 0b0000 0011 1000 0000 0000 0000 1111 1000 = 0x038000f8。

❷ 我们来利用二进制构造。

bit3~bit7：以 bit0 为基准构造结果为 0x1f。

bit23~bit25：以 bit0 为基准构造结果为 0x07。

开始移位相或：(0x1f<<3) | (0x07<<23)

对比：假如要用 C 语言定义该数，如下所示。

```
int a = 0x038000f8;
int a = (0x1f<<3) | (0x07<<23);
```

很显然，第二个可读性和可塑性提高了很多！

2.4.2 结合位取反获取特定位为0的二进制数

这次我们要获取 bit4~bit10 为 0（该数总共 32bit），其余位全部为 1 的数。有了上面的思维之后，想想该怎么做？我想如果你有了上面的思维后，相信聪明的你已经知道解法了吧。

分析： bit4~bit10 为 0，说明 bit31~bit11 都为 1，bit3~bit0 也都为 1。

bit31~bit11：以 bit0 为基准构造结果为 0x1fffff。

bit3~bit0：以 bit0 为基准构造结果为 0x0f。

所以，结果是 (0x1fffff<<11) | (0x0f<<0)。

但是，你有没有发现采用这种方法并没有什么太大的优势。连续为 1 的位数太多了，这个数字本身就很难构造，所以这种方法的优势损失掉了。这种特定位（比较少）为 0 而其余位（大部分）为 1 的数，不适合用很多个连续 1 左移的方式来构造，而适合左移加位取反的方式来构造。

思路： 先试图构造出这个数的反码，再取反得到这个数。例如本例中要构造的数 bit4~bit10 为 0，其余位为 1，那我们就先构造一个 bit4~bit10 为 1，其余位为 0 的数，然后对这个数按位取反即可。

- **构造该数的反码**

bit4~bit10 为 0 的数。其反码为 bit4~bit10 为 1，其余 bit 为 0，这个就很容易构造，就是 0x7f<<4。

- **对其取反**

对其构造的反码进行取反：~(0x7f<<4)。

对比： 对该数用 C 语言定义，效果很明显。

```
int a = 0x1fffff<<11) | (0x0f<<0);
int a = ~(0x7f<<4);
```

2.4.3 总结

位与、位或结合特定二进制数，即可完成寄存器位操作需求。

❶ 如果你要的这个数中比较少位为 1，大部分位为 0，则可以通过连续很多个 1 左移 n 位得到。

❷ 如果你想要的数中比较少位为 0，大部分位为 1，则可以通过先构建其位反码，然后再位取反来得到。

❸ 如果你想要的数中连续 1（连续 0）的部分不止一个，那么可以通过多段分别构造，然后

再彼此位或即可。这时候因为参与位或运算的各个数为 1 的位是不重复的，所以这时候的位或其实相当于几个数的叠加。

2.5 位运算实战演练1

2.5.1 给定整型数a，设置a的bit3，保证其他位不变

分析： 将整数 a 和 bit3 为 1，其余 bit 为 0 的数进行位或运算即可得到结果。

❶ 构造 bit3 为 1 的数。

```
1<<3
```

❷ 然后和整数 a 相位或并且赋值给 a。

```
a = a | (1<<3); 或者 a |= (1<<3);
```

2.5.2 给定整型数a，设置a的bit3~bit7，保持其他位不变

分析： 构造数的 bit3~bit7 为 1。

❶ 构造 bit3~bit7 为 1 的数。

```
0x1f<<3
```

❷ 和整数 a 相位或并赋值给 a。

```
a = a | (0x1f<<3)   或者 a |= (0b11111<<3);
```

2.5.3 给定整型数a，清除a的bit15，保证其他位不变

分析： 将整数 a 和一个 bit15 为 0，其余 bit 位为 1 的数进行位与运算即可得结果。

❶ 构造 bit15 为 0，其余位为 1 的数。在构造这个数之前，通过 2.3 节的分析需要先构造 bit15 为 1，其余位为 0 的数，然后位取反即可。

```
~(1<<15)
```

❷ 和整数 a 相位与并赋值给 a。

```
a = a & (~(1<<15)); 或者 a &= (~(1<<15));
```

2.5.4 给定整型数a，清除a的bit15~bit23，保持其他位不变

分析： 将整数 a 和一个 bit15~ bit23 为 0，其余 bit 位为 1 的数进行位与运算即可得结果。

❶ 构造 bit15~ bit23 为 0，其余位为 1 的数。

```
~(0x1ff<<15)
```

❷ 和整数 a 位与并赋值给 a。

```
a = a & (~(0x1ff<<15)); 或者 a &= (~(0x1ff<<15));
```

2.5.5 给定整型数a，取出a的bit3~bit8

分析： 先将这个数 bit3~bit8 不变，其余位全部清零；再将其右移 3 位得到结果；想明白了上面的两步算法，再将其转为 C 语言实现即可。

❶ 构造 bit3~ bit8 为 1，其余位为 0 的数。

```
0x3f<<3
```

❷ 和整数 a 位与并赋值给 a。

```
a &= (0x3f<<3);
```

❸ 再将 a 右移 3 位。

```
a >>= 3;
```

2.5.6 用C语言给寄存器a的bit7~bit17赋值937（其余位不受影响）

分析： 我们只需要将 bit7~bit17 全部清零，然后再将 937 设置到 bit7~bit17 位，这个过程中必须注意的一点就是不能影响其他位。

❶ 构造 bit7~bit17 为 0，其余位为 1 的数。

```
~(0x7ff<<7)
```

❷bit7~bit17 清零。

```
a &= ~(0x7ff<<7);
```

❸ 构造 bit7~bit17 为 937，其余位为 0 的数。

```
937<<7
```

❹ 将 937 写入 a 的 bit7~bit17。

```
a |= (937<<7);
```

2.6 位运算实战演练2

2.6.1 用C语言将寄存器a的bit7~bit17中的值加17（其余位不受影响）

分析：第一步：先读出原来的 bit7~bit17 的值。第二步：在这个值的基础上加 17。第三步：将 bit7~bit17 清零。第四步：将第二步算出来的值写回到 bit7~bit17 位。

```
tmp =(a &(0x7ff<<7));          // 将bit7~ bit17 外的其他位清零
tmp >>= 7;                     // 右移 7 位得到bit7~ bit17 的值
tmp += 17;                     // 加 17
a &= ~(0x7ff<<7);
a |= tmp <<7;
```

2.6.2 用C语言给寄存器a的bit7~bit17赋值937，同时给bit21~bit25赋值17

分析：方法有两种，第一种是第一步bit7 ~ bit17清零，第二步bit21 ~ bit25清零。第二种是，将 bit7 ~ bit17 和 bit21 ~ bit25 的清零一步完成。

❶ 第一种方法如下所示。

```
// bit7~bit17 赋值 937
a &= ~(0x7ff<<7);              // bit7~ bit17 清零
a |= 937<<7;
// bit21~bit25 赋值 17
a &= ~(0x1f<<21);              // bit21~bit25 清零
a |= 17<<21;
```

❷ 第二种方法如下所示。

```
// bit7~bit17 和 bit21~bit25 全清零
a &= ~((0x7ff<<7) | (0x1f<<21));
// 937 和 17 全部赋值
a |= ((937<<7) | (17<<21));
```

2.7 技术升级：用宏定义来完成位运算

在 Linux 内核源码中有很多函数，你一层一层地查看进去，会发现其最终实现其实是一些宏构成的。本节举几个用宏实现位运算的例子。

2.7.1 直接用宏来置位

用宏定义将一个 32 位二进制数 x 的第 n 位（从右边起算，也就是 bit0 算第 1 位）置位。

❶ 显然，这个宏含有两个参数，即 x 和 n，所以其模型为 #define SET_BIT_N(x,n) xxx。

❷ 对其某一位置位，我们可以将该位和 1 相或，其他位和 0 相或即可，所以得到 x | (1<<(n−1))。

❸ 所以该宏为 #define SET_BIT_N(x,n) ((x) | (1<<((n)−1)))。

2.7.2 直接用宏来复位

用宏定义将一个 32 位二进制数 x 的第 n 位（右边起算，也就是 bit0 算第 1 位）清零。

❶ 显然，这个宏含有两个参数，即 x 和 n，所以其模型为 #define CLR_BIT_N(x,n) xxx。

❷ 对其某一位清零，我们可以将该位和 0 相与，其他位和 1 相与即可，所以得到 x & ~(1<<(n−1))。

❸ 所以该宏为 #define CLR_BIT_N(x,n) ((x) & ~(1<<((n)−1)))

2.7.3 截取变量的部分连续位

这个宏比较复杂，我们单独拿出来分析它。相信有了上面几节的学习，理解起来也不会难。该宏实现的是截取指定的连续位（n~m）作为一个新的值。例如变量 0x88，也就是 0b10001000，若截取第 2~4 位（bit0 为第一位），则值为 0b100 = 4。

#define GETBITS(x, n, m) ((x & ~(~(0U)<<(m−n+1))<<(n−1)) >> (n−1))

我们看到上面这么一个复杂的宏怎么分析呢？提取对应的括号，将对应的括号分离出来，从最里边开始分析，然后将最里边视为一个整体，一层一层地向外边扩展分析。

第02章

分析：((x & ~(~(0U)<<(m−n+1))<<(n−1)) >> (n−1)) 提取最里边的括号对便是 ~(0U)<<(m−n+1)，然后一层一层地往外面分析，如下所示。

~(0U)

bit31	...	**bitm**	...	**bitn**	bit4	bit3	bit2	bit1	bit0
1	...	1	...	1	1	1	1	1	1

~(0U)<<(m−n+1)

bit31	...	**bitm**	...	**bitn**	m−n+2	m−n+1	...	bit1	bit0
1	...	1	...	1	1	0	...	0	0

~(~(0U)<<(m−n+1))

bit31	...	**bitm**	...	**bitn**	m−n+2	m−n+1	...	bit1	bit0
0	...	0	...	0	0	1	...	1	1

~(~(0U)<<(m−n+1))<<(n−1))

bit31	...	**bitm**	...	**bitn**	m−n+2	m−n+1	...	bit1	bit0
0	...	1	...	1	0	0	...	0	0

到目前，已经构造出来了 bitn~bitm 连续为 1，其余位都为 0 的数。由前面的几节可知，将这个数与操作数 x 相与即可从操作数 x 截取到 bitn~bitm 位为原数不变，其余位全为 0 的数。假设该数为 Y。

```
Y = (x & ~(~(0U)<<(m-n+1))<<(n-1))
```

然后只要再将 Y 右移位 (n−1)，即可得到以 bitn~bitm 构成的新数。

课后题

1．嵌入式系统中常常要求用户对变量或者寄存器进行位操作，下面的函数分别用于设置和清除变量 a 的第 5 位，请使用下面宏定义 bit5，按要求对变量 a 进行相应的处理，在函数 set_bit5 中，用位或赋值操作（|=）设置变量 a 的第 5 位。在函数 clear_bit5 中，用位与赋值操作（&=）清除变量 a 的第 5 位。（软考题）

```
#define BIT5 (0X01<<5)
static int a;

void set_bit(void)
{
    ❶_______;
}
void clear_bit5(void)
{
    ❷_______;
}
```

2. 请描述如下位操作的作用。

❶ a |= (1 << 3);

❷ a |= (0b11111 << 3); 或 a |= (~((~0) << 5) << 3);

❸ a &= ~(1 << 15);

❹ a &= ~(0b111111111 << 15); 或 a &= ~(~((~0) << 9) << 15);

❺ a &= (0b111111 << 3); 或 a &= (~((~0) << 6) << 3);

3. 请解释如下两个宏的含义。

❶ #define SET_NTH_BIT(x, n)   (x | ((1U)<<(n-1)))

❷ #define CLEAR_NTH_BIT(x, n) (x & ~((1U)<<(n-1)))

4. 截取变量的部分连续位，例如变量 0x88，也就是 10001000，若截取第 2~4 位，则值为 010 = 2，最右边从第 0 位算起，假设 m=4，n=2。

第 03 章

指针才是C语言的精髓

3.1 引言

但凡对 C 语言有过了解的同学，都知道指针是 C 语言的“生命精华”，C 语言之所以能够如此长盛不衰，原因之一也在于其拥有强大的指针。如果想要真正成为 C 语言高手，就必过指针这一关。如果有一定指针基础的话，学习本章会比较容易，我相信认真学习完本章后，大家的 C 语言一定会上升到一个新高度，向 C 语言高手境界迈出更加坚实的一步。

指针很重要，特别是底层驱动的操作，更是离不开指针的使用。我们知道，驱动程序的目的就是为了管理硬件，驱动程序管理硬件的媒介就是寄存器（一种特殊的内存），通过对寄存器这种特殊内存的读（取）写（存），从而实现对硬件的功能设置以及数据的存取。所有软件本质上都是基于这样的原理在硬件上运行的，从而达到了软件与硬件融为一体的目的。但是令不少读者苦恼的是，对于指针的概念明明已经理解得很不错了，为什么在面对指针的时候还是有些发晕呢？其主要原因如下。

- 往往涉及指针的多级使用，比较挠头。
- 指针与数组有着纠缠不清的关系，特别涉及二维数组时，更是不好理解。
- 令人眼花缭乱的指针概念，比如指针数组、数组指针、指针函数和函数指针等。
- 指针常常与宏定义相伴随，构建烦人的复合表达式。
- 常常还会伴随强制类型的转换，也会使得指针呈现出非常灵活的“面貌”，不易把握。
- 内核中往往还会将函数指针封装入结构体中，构建面向对象 C 结构体，比较难理解。
- 如果希望对指针有更加深刻理解的话，还需要我们对 C 代码的内存结构有相当深的认识，否则产生段错误后会莫名其妙，根本不知道其错误的原因是什么，这也加深了理解的难度。

尽管指针的形式复杂多变，但万变不离其宗，最终都是基于指针的基本概念展开的。学习指针大致会经历三个过程：最开始学习时，对指针的概念理解得很不错，感觉已经理解指针的本质，但是后续会被指针的各种不同形式搞得晕头转向。但是当经历了一段时间的痛苦实践和理解，拨开迷雾见青天，你会发现不管指针的样子多么复杂，你看见的都是指针的本质，不会再被各种形式所迷惑，佛家说，“参透前，看山是山，看水是水；参透时，看山不是山，看水不是水；参透后，看山还是山，看水还是水”，学习指针的过程也是如此。

3.2 指针到底是什么

3.2.1 普通变量

程序运行的目的就是处理数据，数据在很多时候都是存放在变量中，普通变量的目的就是为了存放普通数据，比如 int a，对于 a 的空间，我们可能有两种用途：一是写数据，如 a = 20；二是读数据，如 int b = a。读 a 中的数据，写入 b 空间，但是要了解，读操作不会改变内存中存放的数据。

a | 20

对于变量空间的使用，不管是写还是读，变量是存放数据的手段。一般来说，当不涉及强制转换的时候，我们要求某种类型的数据必须存放到对应类型的变量中。

3.2.2 指针变量

广义上说，常说的“指针”隐含两个东西，一个是指针变量，另一个是指针常量。我们一般都是统称它们为指针，在大多数情况下，指针指的都是指针变量。如果指针用得很熟悉的话，没有必要对它们做严格区分。

指针变量和普通变量一样，都是用于存放数据的，只是指针变量存放的数据很特殊，是内存地址。一般情况下，如果不考虑指针强制转换的话，我们要求某个类型地址必须放到对应类型的指针变量中，如下所示。

```
int a=10;
int *p=&a ;          // a 空间的地址假设为 0x07080345
```

以上两句话，对于有 C 语言基础的同学来说，再简单不过了，如下图所示。

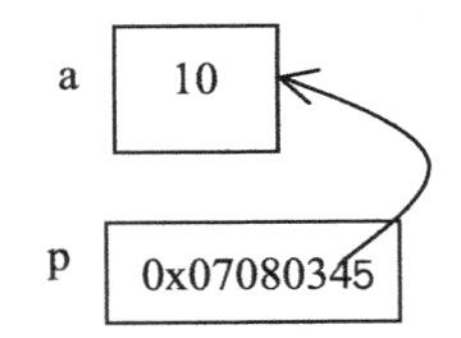

从上图中可以看出，指针变量 p 和普通变量 a 之间没有本质区别，都是变量空间放了一个数

值，只是 p 里面的数值比较特殊，是 a 空间的地址，它指向了空间 a。打个比方，一张名片好比就是变量 p，名片上记录了公司的地址，这个地址就指向了公司的空间，这时候就说名片指向了公司的空间。

必须搞清楚的是，p 指向了空间 a，本质是 p 里面存放的地址指向了空间 a，只是往往简单说成"指针 p 指向了空间 a"。如果准确地讲，应该表述为"指针变量 p 里面存放的地址指向了空间 a"。

3.2.3 变量空间的首字节地址，作为整个空间的地址

实际上，内存中每一个字节空间都有一个地址，如果是内核有 32 根地址线，地址以二进制表示，其最大可寻址范围就是：

00000000 00000000 00000000 00000000 ～ 11111111 11111111 11111111 11111111

地址的十六进制表示：

0x00000000 ～ 0xffffffff

⇧ 内存第一个字节地址　⇧ 内存最后一个字节的地址

既然每个字节对应的地址都是 32 位的，那么所有存放地址的指针变量大小也应是 32 位的，即 4 个字节。如果机器有 64 根地址线，道理也是类似。

有了上面的基础，当我们说到一个地址的时候，指的都是某个字节的地址，比如 int a 的空间大小有 4 个字节，每个字节都有一个地址，但只有首字节地址才能作为整个 a 空间的地址。&a 代表的就是第一个字节的地址。拿到空间的首地址后，同时 int 类型又明确了空间大小是 4 个字节，所以从首地址字节顺延 3 个字节的空间，一共 4 个字节作为整个变量的空间。

3.2.4 指针变量的类型作用

对于普通变量来说，其类型的作用主要有以下几个方面。

- 程序员写代码时识别用：不涉及强制转换时，知道该变量中应该存放什么类型的数值。
- 空间大小的说明：比如 int 为 4 个字节空间。
- 存储结构说明：float 和 int 虽然空间大小都是 4 个字节，但是其存储结构完全不同。

对于指针变量来说，其类型的作用与上面基本一致，只是其类型是由普通类型 + 星号构成。星号的个数，表明了指针变量的级数，指针变量用来存放地址。当不涉及强制转换时，其对应关系如下。

- 某类型一级指针变量 = 该类型一级地址
- 某类型二级指针变量 = &（该类型一级指针变量）

- n+1 级指针变量 = &（n 级指针变量）

所有普通变量的地址都是一级地址，所有一级指针变量的地址都是二级地址，依次类推，n 级指针变量的地址就是 n+1 级地址。我们这里必须强调一下，使用指针的目的就是为了更加方便地访问空间，但是如果级数超过 3 级，实际上不但降低了程序的可读性，也会降低对空间的访问速度，所以过高级数的指针变量没有太大的意义。

```
int *p = &a ;
```

p 中只存放了 a 首字节地址，但是 int 说明了 *p 希望访问的空间有 4 个字节，所以从 p 所指 a 的第一个字节向后数 3 个字节空间，一共 4 个字节空间才是 *p 实际希望访问的完整空间。

3.2.5 为什么需要指针

不管多么“高大上”的程序，最终都是在硬件上运行的，所有对于硬件的设置和访问，全部都是通过对内存操作实现的。广义上的内存可以包括寄存器、缓存、常说的内存（内存条）等，这些内存空间都是由一个个的字节构成的，每个字节都有地址，对于这些空间的访问，大多都是通过地址实现的。

只站在 C 语言自身的角度，也可以看到指针的好处。比如 fun1 函数有一个自动局部变量 a，它的作用域被局限在 fun1 函数内部，fun2 函数是无法访问的；如果 fun2 想要访问 fun1 中 a 的话，我们可以将 a 的地址传递给 fun2 函数，当然前提是 fun1 的 a 没有被自动释放。

对于 C 语言有了解的都知道，函数也是有作用域的，跨文件的作用域又称为链接域。为了防止本文件的函数（比如名叫 fun 的函数）不被其他文件的同名函数干扰，同时也为了不干扰别人，我们往往会在 fun 函数的前面加一个 static 标志，将其作用域固定为本文件，其他文件通过 fun 函数名是无法访问的。但是如果其他文件的 function 函数，又确实希望访问这个函数时，怎么办呢？我们只需要将 fun 函数的地址传递给 function 函数，就可以跨文件访问 fun 函数，并且不会受到 static 的影响。

所以在 C 语言中，地址还是扩大变量或者函数作用域的有效手段。当然，指针的好处还有很多，这里不再赘述。

3.2.6 高级语言如Java、C#的指针到哪里去了

C++ 里面保留了指针的使用，初学 Java、C# 等高级语言的同学，都会因为里面没有指针而困惑，甚至在想，难道这些高级语言就不需要访问内存空间了吗？凡是遇到过 Java 异常处理的同学，都会发现 Java 中有一种空指针异常，大多是因为我们使用了没有实例化的对象名导致的，因为没有实例化就没有为对象分配内存空间。

既然有空指针异常，就证明 Java 是使用了指针的，只是全部都由类的底层封装好了，不需要我们关心，目的就是跳过指针这一难点，使得 Java 简单实用。但是由于不能直接操作指针，面对频繁使用指针的底层开发而言，Java 和 C# 多少会显得有心无力。

第03章

3.2.7 指针使用之三部曲

- **定义（声明）**

```
int *p=NULL;          // 初始化一下，防止野指针
```

- **关联**

```
int a= 10;
p = &a;               // a 空间的首地址给了 p，所以 p 里面的地址常量指向了 a 空间，因此简称 p->a 空间
```

- **引用**

读空间：读值操作，前提是里面存有数据才行。

```
int b = *p;           // 等价于 b = a;
```

写空间：向空间写入新的值。

```
*p = 30;              // 等价于 a = 30;
```

3.3 理解指针符号

3.3.1 星号*的理解

在 C 语言中，* 的用途有两个，一个是用于表示乘号，第二个与指针有关。虽然这两种用途都会用到 *，但这两者没有任何关系。* 在指针中的用途主要有两个方面，第一种是用在指针定义的时候，与前面的类型结合，用于表示被定义指针变量的类型，* 的个数表明了定义的指针变量的级数，如下所示。

```
int  *p; int*  p;
```

* 靠前靠后都没关系，这时的 * 与 p 是两个不同的东西，星号表明 p 是一个一级指针变量，用于存放一个一级地址。但是需要注意下面的情况。

```
int *p1, *p2;        // p1 和 p2 都是 int 型的一级指针变量
int *p1, p2;         // p1 是 int 型的一级指针变量，p2 只是一个普通的 int 型变量
```

第二种就是解引用，解引用时，*p 表示 p 所指向的空间，这时的 * 也称为取空间操作，找到 p 所指向的空间。必须强调的是，这时的 *p 是一个整体，不能割裂来看，如下所示。

```
int *p = &a;
*p = 10;             // 等价于 a=10; 但是写成 *  p = 10; 就不对了
```

* 作为解引用时（也就是取空间操作时），得到 p 所指向的空间后，其用途有两种，一个是

读空间内容，还有就是向空间写入新的内容。

3.3.2 取地址符&的理解

使用时，取地址符直接写在变量名称的前面，然后 & 和变量一起构成了一个新的符号，表示变量空间的首地址，准确地讲是变量的首字节地址，如下所示。

```
int a ;
int *p = &a ;
```

这里必须注意，&a 是一个完整的不可分割的整体，之所以用这种方式来表示空间的地址，是因为我们没有办法直接得到变量 a 的地址，只能使用 &a 来表示，当编译时会将 &a 变成 a 空间的地址赋值给 p。

3.3.3 指针变量的初始化和指针变量赋值之间的区别

首先必须强调，指针变量的初始化与普通变量的初始化没有任何区别，只是指针变量里面存放的是一个特殊的值——“地址”。这个值具有指向作用，可以用来访问它所指向的空间，如果刨去它地址的含义，实际上变量中存放的不过就是一个普通值。

- **指针变量的初始化**

```
int a=10;
int *p=&a ;
```

此时的 *，只是说明 p 是一个一级指针变量，不能把这时的 * 当成了解引用。

- **指针变量的赋值**

```
int a=10;
int *p=NULL ;
p=&a ;                    // 将 a 空间地址的赋值给 p
```

不少读者可能一直觉得 p=&a 应该写成 *p=&a，这是错误的理解。这时的 * 是取空间（解引用）操作，如果写成 *p=&a，就表示将 a 的空间地址存放到 p 所指向的空间，p 所指向的空间其实就是 a，*p=&a 的等价写法就是 a=&a，相当于把地址给了 a 自己，显然是不对的。

- **初始化和赋值注意点**

从形式上看，我们已经知道了初始化和指针赋值的区别，同时要知道初始化只能有一次，但是赋值可以有多次。

3.3.4 左值与右值

- **什么是左值和右值**

比如 int a=10 等号的左边称为左值，右边称为右值。

- **左值**

在 C 语言中，左值指的都是变量空间。对左值执行的操作都是写空间操作。

- **右值**

在 C 语言中，右值有两种形态，一种是直接写一个数值，比如 int a=10 就是典型的情况。那么另外的一种情况就是，右值可能也是一个变量，如下所示。

```
int b=10;
int a=b ;
```

这个时候右值就是一个变量。当变量作为左值时，对变量实现的是写操作；当变量作为右值时，对变量实现的是读操作，读出后赋给左值，这一点要了解。

3.3.5 定义指针后，需要关心的一些内容

例子 1

```
int a =10;
int *p=&a ;
```

首先我们必须了解与指针变量 p 相关的一些内容。

p：表示 int* 型的一级指针变量空间，里面存放的是变量 a 的地址。

*p：表示 p 所指向的空间，指的就是 a 的空间，只不过是通过地址找到的。

&p：表示指针变量 p 自己的空间地址，它需要一个 int ** 的二级指针变量来存放。

思考一下，**p=20 可不可以？

答案是不可以，**p 改写成等价形式 * (*p)，里面的 *p 等价于 a，最后变成了 *a，由于 a 的值等于 10，*a 就是 *10，引用地址 10 所指向的空间，显然 10 这个地址指向的空间是不能直接访问的。

例子 2

```
int a =10;
int *p=&a ;
int **p1=&p ;
```

对于指针变量 p，需要关心 p、*p、&p，但是在上例中已经描述过了，不再赘述。

对于指针变量 p1 来说，需要了解如下几个方面的问题。

p1：一个 int ** 型的二级指针变量空间，用于存放一个二级地址，恰好 p 的地址就是二级地址。

*p1：引用取空间操作，找到 p1 所指向的空间，指的就是 p 的空间。

p1：将其中的 *p1 替换成为 p，p1 就变成了 *p，指的就是 a 的空间。

&p1：指的是二级指针变量 p1 的空间地址，是一个三级地址。

只要大家理解前面的例子 1 和例子 2，对于三级指针的情况，道理是类似的。但是我们前面就说过，构建三级以上的指针实际上没有太大的意义，除了某些极少数的情况外，并不会为我们的程序带来多少好处。

思考一下：***p1 可不可以？

答案是不可以，根据取空间操作，***p1 最终变成了 *10，显然也是错误的。

- **多级指针链断线的问题**

```
int a =10;
int *p ;
int **p1=&p ;
int b=**p1;
```

**p1，原是想通过 **p1 访问到 a 的空间，将 a 空间的内容赋给 b。但是这里是不对的，因为中间的指针变量 p 并没有指向 a，指针链断线了，所以我们在使用多级指针的时候，必须注意构建的指针链是否完整。当然这里因为是直接写的比较好理解，如果多级指针链是通过传参的方式来构建的话，很容易出现断链的情况。造成的影响就是，要么访问到是空指针，要么访问到了不该访问的地方（野指针），导致严重错误。

3.4 野指针与段错误问题

3.4.1 什么是野指针

所谓野指针，就是指针指向一个不确定的地址空间，或者虽然指向一个确定的地址空间，但引用空间的结果却是不可预知的，这样的指针就称为野指针。

- **例子1**

```
int main(void) {
    int *p;
    *p = 10;
    return 0;
}
```

在本例中，p 是自动局部变量，由于 p 没有被初始化，也没有被后续赋值，那么 p 中存放的是一个随机值，所以 p 指向的内存空间是不确定的。访问一个不确定的地址空间，结果显然是不可预知的。

- **例子2**

```
int main(void) {
    int *p=0x13542354;
```

```
        *p = 10;
        return 0;
    }
```

在本例中，p虽然指向了一个确定地址0x43542354的空间，但是它对应的空间是否存在，其读写权限是否满足程序的访问要求，都是未知数，所以导致的结果也是未知的。

通过以上两个例子可以了解到，在给指针变量绑定地址指向某个空间时，一定要是确定的，不能出现不可预知性。一旦出现未知性，它就是一个野指针，即使某一次没有产生严重后果，但埋下了这颗“地雷”后，就留下了不可预知的隐患，对于程序来说这是不可接受的。

3.4.2 野指针可能引发的危害

- **引发段错误**

段错误就是地址错误，其实是一种对程序和系统的保护性措施。一旦产生段错误，程序会立即终止，防止错误循环叠加，产生雪崩式的错误。

- **未产生任何结果**

有的时候，使用野指针虽然指向了一个未知的地址空间，但是这个空间可以使用，而且该空间和程序中的其他变量空间没有交集，对野指针指向的空间进行了读写访问后，也不会对程序产生任何影响。虽然如此，这种野指针也是必须要极力避免的，因为这个隐患很可能在后面的程序运行中导致严重的错误，而且这种错误很难排查。

- **引发程序连环式错误**

访问野指针产生的错误循环叠加，轻则程序结果严重扭曲，重则直接导致程序甚至系统崩溃。

3.4.3 野指针产生的原因

野指针产生的原因大概有如下三种。

❶ 在使用指针前，忘记了将指针变量初始化或者赋值为一个有效的空间地址，导致指向的不确定。

❷ 不清楚某些地址空间的访问权限，但是指针试图指向这些空间，并且按照不允许的权限去操作，如下所示。

```
int *p = "hello" *(p+1) = 'w';
```

由于hello作为字符串常量，存放在内存中的常量区中，该段内存只允许读操作。但是该例子却想将'e'修改'w'，试图写不允许写的空间，一定会导致段错误。

❸ 访问空间时，内存越界导致野指针，如下所示。

```
    int buf[4] = {0};
    *(buf+4) = 10;
```

数组只有 0、1、2、3 这几个成员，但是例子中却试图访问超出数组范围的空间，导致要么段错误，要么程序结果不对，要么虽然没有明显错误，但是留下一个隐患可能会导致程序崩溃。

3.4.4 如何避免野指针

避免野指针的方法大致有如下四点。

❶ 养成良好习惯，定义指针变量时，将其赋值为 NULL。如果说真的访问到 NULL 了，起码直接导致段错误，可以立即终止程序的运行，避免更加严重的错误，而且这种情况导致的段错误也好排查。

❷ 在使用指针变量前，一定要对指针变量初始化或赋值，让它指向一个有效且确定的空间。

❸ 检查指针的有效性，在使用指针前，做一下指针是否为空的判断，如下所示。

```
int *p=NULL;
if(NULL != p) {
    *p = 100;
} else printf("p == NULL\n")
```

对于底层的驱动程序而言，在使用某个指针之前，先做指针是否为空的判断是很有必要的。因为绝大多数的野指针，都是由于我们忘记了初始化或者赋值导致的，这样的判断可以及时提醒我们有没有初始化或者赋值，通过这种方式可以在很大程度上避免野指针的情况。但是另一种情况就很难预防了，比如我们给指针变量初始化或者赋值时，自己给错地址了，导致指向的空间无效，面对这种情况时，程序员自己就需要多加小心了。

❹ 当我们确定某个指针变量不再使用时，我们就将其赋值为 NULL，这么做的目的，就是防止它继续指向不再需要的空间，从而可能导致内存空间的值被篡改。

如果严格遵守以上规则，代码会写得很累。如果代码量少且程序员本身经验又很丰富，可以不用按照上面的步骤来做，但是如果本身经验不足且项目较大时，我们还是尽量按照上面的步骤来做。

3.4.5 NULL到底是什么

在 C/C++ 中，NULL 是这么定义的。

```
#ifdef _cplusplus           // 如果这个符号定义了，表示当前运行的是 C++ 环境，否者就是 C 环境
#define  NULL  0            // 在 c++ 中 NULL 被定义为 0
#else
#define  NULL  (void*)0     // 在 C 中 NULL 被定义为 (void*) 类型的 0
#endif
```

NULL 在 C++ 和 C 语言中，会被定义成不同的形式。在 C++ 中，NULL 指针可以表示为整型数字 0，不会做严格的类型检查；但是在 C 语言中就不行，会做严格的类型检查。

3.4.6 段错误产生的原因汇总

- **什么是段错误（Segmentation fault）**

段错误本质上指的就是指针错误（地址错误），之所以称为段错误，大概是因为 C 语言的内存结构是由不同的内存段组成的，所以指针错误又被称为了段错误。

- **段错误产生的原因**

段错误分为两种，一种是大段错误，另一种是小段错误。大段错误产生的原因是，指针变量指向的地址空间根本不存在。小段错误产生的原因是，指针变量指向的地址空间存在，但是对该空间的操作权限受到了限制，比如希望写，但是该空间不允许写，这也会导致段错误。

3.5 const关键字与指针

3.5.1 什么是const

const 来源于英文单词 constant，表示不变的意思，用于修饰变量，希望将变量变成“常量”，但是“常量”需要加个引号，在后面将会对这一点进行进一步的说明。

3.5.2 const对于普通变量的修饰

```
int const a=10;     // 与 const int a=10; 是等价的
a=12;               // 编译时会直接报错，提醒 a 是常量，不能被修改
```

对于普通变量来说，const 在类型前还是在类型后都没关系，只要在变量名前面即可。在本例中，a 一旦被 const 修饰，后续就不能通过赋值修改 a 的值，只能通过初始化的方式赋值。

3.5.3 const修饰指针的三种形式

- **int const *p等价于const int *p**

这种修饰表示 p 所指向的空间是“常量”，不能被修改，但是 p 本身可以被修改，如下所示。

```
int a=10;
int b=20;
int const *p=&a ;  // p 指向了 a
```

```
*p=100;     // 编译时会报错，因为 p 指向的空间不能被修改
p=&b ;      // 正确，因为 p 本身是可以被修改的
```

本例中，这里试图通过 p 访问到 a 的空间，将 a 的值修改为 100，显然编译器是不允许的，因为 int const *p 已经说得很清楚，这种修饰下 p 所指向的空间的值是不能被修改的，p 本身的内容是可以修改的。比如上例中通过后面两条语句的执行，指针变量 p 的值被修改了，p 重新指向了变量空间 b。

int const *p 这种修饰方式的目的就是保证 p 指向的空间是“常量”，但是 p 本身指向可以被修改。

- **int *const p**

刚好与上面的情况相反，指针变量 p 本身不能被修改，但是 p 所指向空间的内容可以被修改，如下所示。

```
int a=10;
int b=20;
int * const p=&a ; // p 指向了 a

*p=100;              // 可以
p=&b ;               // 编译时，这句话会报错，因为指针变量 p 的内容不能被修改
                     // int * const p，就是为了保持 p 的指向不能发生改变，但是指向空间的内容可以改变
```

- **int const * const p**

这其实是第一种和第二种情况的综合，p 的指向不能发生改变，p 所指向空间的内容也不能发生改变，如下所示。

```
int a=10;
int b=20;
int const * const p=&a ; //p 指向了 a

*p=100;              // 编译报错，因为 p 指向空间内容不能被修改
p=&b ;               // 编译时，这句话会报错，因为指针变量 p 的本身的内容不能被修改
                     // int const * const p，保证 p 的指向不能改变，同时 p 所指向空间的内容也不能更改
```

3.5.4 const的变量真的不能改吗

const 机制是通过编译器检查实现的，程序在真正运行的过程中，并不关心变量是不是 const 的，只要我们能够保证编译不出错，然后在程序运行的过程中去修改即可。

```
int const a=10;
int *p=(int*)&a ; // p 指向了 a

*p=100;              // 运行后 a=100 了，值被改了
```

上面的例子，a 的内容从 10 被修改为 100。尽管 a 被标记了 const，并且代码中并没有直接对

a进行修改，但是a可以被指针变量p引用，间接地被修改为100。const只是说明了a不能被修改，并没有说a的地址不可以被引用。所以，只要变量的地址存在被引用的可能，const修饰的变量是可以被间接修改的。

如果本例中确实不希望a被修改的话，我们可以将p的修饰改为int cosnt *p，从而表明p所指向空间的内容不能通过p去修改，还算是一种解决办法。

3.5.5 为什么要用const

在我们写工程项目时，确实有这样一种需求：针对有些数值，希望在整个程序运行的过程中不能发生改变，否者会导致程序结果出现错误。其中有两种解决办法。一是直接在程序中使用这些数字，这显然麻烦，特别是修改的时候，到处都要修改。还有就是做成宏定义的形式，但是宏定义的形式并不能满足所有的情况。另一种解决方式，是定义一个变量来存放不希望发生改变的数值，这时程序员自己就必须小心了，在使用的时候不能修改其值。但是人总会犯错，所以就可以使用const机制，这样一旦我们试图去修改，编译器就会主动报错，提醒这些值是不能被修改的。当程序员看到某个变量被const修饰的时候，同样需要小心，因为const修饰的变量不是100%不能被修改的，这在前面已经探讨过。当然，const更多的时候用于指针变量的形参的修饰，在后面的小节中会有详细描述。

3.5.6 有关变量和常量的探讨

前面我们就说过，程序真正需要处理的是像1、2、10和“hello”这样的数值，它们必须以二进制形式存放在内存中，只有这样才能被使用。这些数值在内存中的存放方式有两种，一种是以变量的形式存放，另一种是以常量的形式存放。

- **以变量形式存放**

在内存中开辟变量空间，然后存入我们需要的数值，这些变量空间可能出现在.data、.bss、栈、堆等内存位置中，它们的内存操作权限都是可读可写的。只要可写，变量内容就可以被改变。对这些变量加const修饰，只是利用编译器检查的方式实现的“伪”常量，并没有从根本上去关闭变量所在内存空间的写权限，所以只要能够骗过编译器，const修饰的变量的值是可以更改的。

- **以常量形式存放**

希望处理的数值存放在.ro.data常量区；.ro.data区的访问权限为只读，如char *p="hello world"，显然指针变量p只有4个字节的空间，字符串不可能直接存放在p里面。字符串"hello world"被存放在.ro.data的内存位置中，p里面存放的只是字符串的首字节地址，p[1]='w'这种试图修改字符串内容的操作，会引发段错误，因为.ro.data的内容不允许写，这才是真正意义上的常量。

通过以上不难发现，const修饰不过是一种声明，通过编译检查间接实现变量的值不能被修改，并没有真正去修改内存的访问权限，实现根本意义上的常量。

3.6 深入学习数组

本节中讨论到数组，默认指的都是传统方式的一维数组，而不考虑二维以及多维数组。因为多维数组本质上就是一维数组的叠加，所以深刻理解一维数组，是理解二维数组的关键。数组的传统定义方式，如下所示。

```
类型 数组名[数组元素个数];
```

例如 int buf[100]。

非传统方式定义的数组将会在后续专门的数组章节中深入讨论。

3.6.1 为什么需要数组

需要数组的原因是显而易见的，比如需要录入 100 个学生的成绩，如果没有数组的话，就必须定义 100 个变量，而且每一个变量都需要有自己的名字，不管是定义还是访问都很麻烦。为此 C 语言引入了数组，这不仅方便一次性定义大量变量空间，而且也方便访问，访问时只需利用地址累加，挨个访问每个数组空间即可。

3.6.2 从编译器角度理解数组

从编译器角度来讲，数组也是一个变量，和普通变量没有本质的区别。变量的本质指的就是一段内存空间，编译器在编译的时候，会将一个变量名和这段内存空间的第一个字节地址绑定，变量的类型决定了这段内存空间的字节数。当我们希望访问这段内存空间的时候，一个方法就是利用变量名访问，但是变量名会受到作用域的限制，还有另一种方法就是直接使用地址访问，并且不会受到作用域的限制。数组的定义一样遵循这样的原理。

3.6.3 从内存角度理解数组

站在内存角度，比如定义一个数组 int buf[100]={0}，相当于一次性定义了 100 个 int 类型的变量，每个变量空间 4 个字节。不同的是，这 100 个变量的内存空间是依次连续的。不仅方便定义，也方便访问。

但是如果我们采用 int va0 va1, va2, ..., va99 的方式来定义的话，虽然都是 100 个变量空间，但是定义繁琐，而且元素空间不一定连续，只能单个访问。虽然数组中的每个元素也必须逐个访问，但是由于这些空间连续地排列在一起，所以使用指针进行操作非常方便。实际上数组就是高效利用指针的典型例子，如果想对指针有深刻的理解，就必须对数组有深刻的认识。

3.6.4 一维数组中几个关键符号的理解

下面还是以int buf[100]={0}为例，集中讨论buf、buf[0]、&buf[0]和&buf这四个符号的内涵。

❶ buf：有两层含义，一是数组名，sizeof（buf）时，buf就是数组名的含义；二是等价于&buf[0]，表示数组第一个元素的首字节地址，是一个常量值。

不管站在什么角度理解，buf都不能作为左值。如果站在数组名的角度理解，数组不允许整体赋值（这里要区分数组的初始化）。站在buf是一个地址常量的角度，常量是不允许被写的，同样也不能作为左值。但是buf可以作为右值，当作为右值的时候，buf表示地址。

❷ buf[0]：第一个元素的空间，可以对其进行读写操作，所以就可以作为左值被写，也可以作为右值被读。

❸ &buf[0]：等价于buf，是一个地址常量，只能作为右值。

❹ &buf：表示数组首地址，是一个地址常量，同样只能作为右值。

buf与&buf的值相等，但是含义完全不同。printf("%p\n", buf)与printf("%p\n", &buf)这两句话的打印结果是相同的，表明它们的值相等，但是printf("%p\n", buf+1)与printf("%p\n", &buf+1)的打印结果完全不同，因为它们的含义完全不同，buf表示数组第一个元素的首字节地址，加1加的是一个元素空间的大小；&buf表示的数组首地址，加1加的是整个数组空间大小，数组首地址主要用于构建多维数组，对于一维数组来说，数组首地址没有太大的实用意义。

3.7 指针与数组的天生“姻缘”

数组本身就是依靠指针来实现的，所以数组是指针的典型应用。现在我们来仔细看下，数组是怎么利用指针实现访问元素空间的。

3.7.1 如何使用指针访问数组

```
int buf[6] = {0,1,2,3,4,5};
```

如果想要访问这个数组的话，有如下几种方式。

- **利用下标访问**

```
int i = 0;
for(i=0;i<sizeof(buf)/sizeof(buf[0]);i++)
```

这是C语言中，数组的常用访问方法。

- **利用指针常量访问**

```
int i = 0;
for(i=0; i<sizeof(buf)/sizeof(buf[0]); i++) {
    printf("%d\n", *(buf+i));      // buf 表示是数组首元素首字节地址
}
```

这里必须注意，*(buf++) 是错误的，buf++ 等价于 buf=buf+1。但是 buf 是常量，不能被赋值。

- **利用指针变量访问**

```
int i = 0;
int *p=buf;
for(i=0; i<sizeof(buf)/sizeof(buf[0]); i++) {
    printf("%d\n", *(p+i));
}
```

*(p+i) 可以写成 p[i]，也可以写成 *(p++)，因为 p 是变量。

下标法访问数组，是 C 语言为了让那些指针基础较差的初学者快速使用数组的一种人性化设计。其实下标法本质上还是通过地址去访问。

3.7.2 从内存角度理解指针访问数组的实质

因为数组中各个元素空间在内存中是相连的，因此空间地址也是连续的，而且每个元素的类型相同，因此每个元素的空间大小是一样的。以 int buf[6] 为例，每个元素都是 int 型，元素空间大小都是 4 个字节。因为数组的这种特点，就决定了只要知道其中一个元素的首地址，很容易就能推算出其他元素空间的首地址。

3.7.3 指针与数组类型的匹配问题

```
int buf[5]; int *p=NULL;  p=buf;
```

这是正确的。因为 p 是 int * 类型，而 buf 等价于 &buf[0]，地址类型也是 int*，int* 类型地址 buf 存放到 int* 类型的指针变量 p 中，当然没有问题。

```
int buf[5]; int *p=NULL;  p=&buf;
```

这个做法是不对的。因为 p 是 int* 类型，但是 &buf 是数组首地址，是 int(*)[5] 类型，所以是不对的。buf、&buf[0] 和 &buf 的异同，在上一小节中有详细描述。

3.7.4 总结：指针类型决定了指针如何参与运算

❶ 指针变量在运算时，变量存放的就是一个地址值，所以做的是地址运算。

❷ 地址 +1，加的是一个数组元素空间的大小，如下所示。

```
int buf[5];
int *p=buf;
p+1 等价于 p+1*sizeof(int)。
```

3.8 指针类型与强制类型转换

在这一小节里面，我们会对 C 语言里面的变量类型以及类型的强制转换做一个比较深入的探讨。

3.8.1 变量数据类型的作用

❶ 程序员写代码时识别用：知道变量中应该存放什么类型的数值。

❷ 给编译器看的：说明数值在存储时需要的内存空间字节数，比如 int 为 4 个字节空间。

```
printf("%d\n", sizoef(char));    // 空间大小 1 个字节
printf("%d\n", sizoef(short));   // 空间大小 2 个字节
printf("%d\n", sizoef(int));     // 空间大小 4 个字节
printf("%d\n", sizoef(float));   // 空间大小 4 个字节
printf("%d\n", sizoef(double));  // 空间大小 8 个字节
```

int a 意味着 a 的空间大小是 4 个字节；double b 就意味着 b 的空间大小是 8 个字节。

说明存储结构，如下所示。

```
int a=10;
printf("%d\n", a);             // 打印结果 10
printf("%f\n", a);             // 打印的是乱码，结果错误
```

上面这个例子，往往令初学 C 语言的同学很迷惑，实际上导致这样结果的原因并不难理解。对于变量 a 的内存空间来说，上例中执行的操作为两种，一个写入 10 的写操作，还有一个读出 10 打印的操作。以 %f 打印出现的问题就出在读的时候。

要知道，整型和浮点型数据在内存空间中的存储方式是不同的。以上面的例子来说，10 作为整型存储时是直接转成二进制 00000000 00000000 00000000 00001010，存入了 a 的 4 个字节。但是浮点数是以科学计数法的形式存储的，把浮点数分为小数部分和指数部分，如果有符号数，第一个位表示符号类型，中间一部分存储用于表示小数部分，最后一部分用于表示指数部分。关于整型与浮点型的存储方式，在网上有详细的资料，这里不再赘述。

有了上述的说明后就不难理解了，如下图所示。

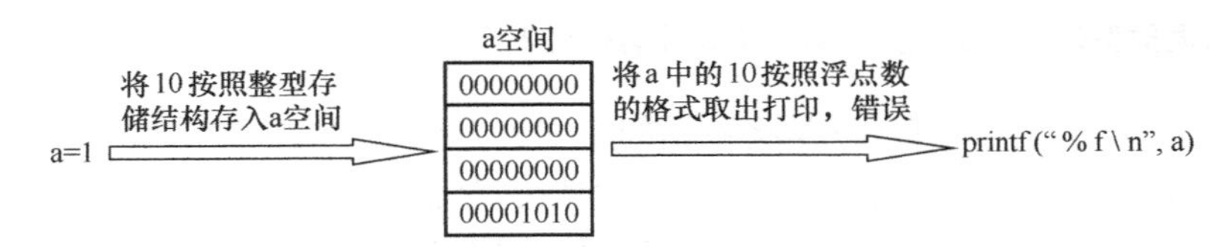

如果把上面的例子改成如下，导致这四个结果的原因和上面是一样。

```
float a=10;
printf("%d\n", a);          // 打印的是乱码，结果错误
printf("%f\n", a);          // 打印结果 10.000000，正确
```

综上所述，类型对于编译器来说，主要就是用于说明数据存储空间的大小以及数据的存储结构。对于我们的自定义类型，比如结构体，因为成员类型不同，成员排列顺序不同，成员数量不同，结构体类型的对齐方式的不同，需要的空间大小和存储的结构也是不相同的，这在本书的结构体专题中有详细讲解。

3.8.2 数据的存入和读取

对于内存空间来说，主要的操作就是写和读，那么数据是如何写入和读出的呢？当然前提是空间要存在，并且允许相应的读写操作，否则就会出现段错误。

- **数据写入三步曲**

第一步：利用变量名或者直接利用地址，找到空间首地址。

第二步：根据类型制定的空间大小，从首字节地址开始，找出向后顺序延长后的空间大小。

第三步：按照类型数据存储格式要求，将数据写入空间。

- **数据读出三步曲**

第一步：利用变量名或者直接利用地址，找到空间首地址。

第二步：根据类型指定的空间大小，找出从首字节地址开始向后顺延后的空间大小。

第三步：按照类型数据存储格式要求，将数据从空间读出。

当然上面只是为了便于理解而进行的简单划分，不要理解为编译器就一定是按照这三步来做的。

3.8.3 普通变量的强制转换

- **为什么需要强制转换**

当我们理解了数据类型就是用于说明存储空间大小和数据存储结构，再来理解强制类型转换就容易多了。那么为什么需要强制类型的转换呢？因为我们有的时候需要将某个类型的数据转为另一种类型数据。如 float a=10.0，当我需要用整型 10 时，就需要将浮点的 10 强制转换为整型的 10，如 int b=(int)a。

- **普通变量数据类型转换的实质是什么？需要注意什么？**

普通变量的数据类型转换，其实就是将数据的空间大小和数据的存储结构转变后，存入另一个变量空间，所以转换时可能会导致空间大小和数据存储结构的变化。有些类型转换可能只会导致空间大小变化，有些转换可能只会导致数据结构发生变化，而有些可能会导致空间大小以及数据存储结构同时发生变化。

- **导致空间大小改变**

例子 1

```
int a=100;
float b=(float)a;
```

在这个例子中，数据 100 转存入 b 的时候，存储空间从 1 个字节变成了 4 个字节。空间变大不会导致数据丢失，数据的存储结构没有发生变化，仍然还是按照整型的方式存储的。

例子 2

```
int a=0x11223344;
char b=(char)a;
```

数据 0x11223344 存入 b 空间的时候，存储空间从 4 个字节变成了 1 个字节，空间变小了，这样导致转存的数据丢失了 3 个字节。存入 b 里面的数据是 a 中一个字节地址空间的数据。总之空间变小的类型的数据转换，程序员必须小心数据丢失的情况。本例中虽然丢失了一些数据，但是数据的存储结构仍然没有发生变化，还是按照整型的方式存储的。

- **导致数据存储结构改变**

例子 1

```
int a=100;
float b=(int)a;
```

本例中，a 和 b 的空间大小虽然都是 4 个字节，但是 a 中的 100 是按照整型方式存储的，b 中的 100 却是按照浮点数方式存储的。

例子 2

```
float a=100.345;
int b=(int)a;
```

在本例中，a 和 b 的空间大小都是 4 个字节，但是 a 中 100.345 是按照浮点数存储的，b 中 100 却是按照整型存储的，转为整型的时候，小数 0.345 的部分会被丢失。这是小数转整数时无法避免的情况。

综上所述，数据类型转换会导致数据存储空间大小以及数据存储结构的变化。在转换的过程中可能会导致数据丢失，也可能不会导致数据丢失，一般来说具有相同存储结构的数据，从小空间向大空间转换，数据都不会丢失，比如 short 向 int 转换，float 向 double 转换。从存储结构简单的数据向存储结构复杂的数据类型转换（比如 int 向 float 转换），只能说数据可能不会丢失，但反过来就一定会导致数据丢失，当然也不乏个别的特例，具体问题还是需要我们具体分析。

- **几种隐式数据类型转换**

第一种是赋值号“=”的隐式强制转换，如下所示。

```
char a=0x11223344;
```

显然右值是 4 个字节的整型变量，但是左值空间只有一个字节，尽管我们没有做（char）0x11223344 的强制类型转换，但是程序能够编译通过，而且能够运行，只是会丢失 3 个字节数据。尽管编译能够通过，但编译器会报数据溢出的警告。

第二种是返回值的隐式强制转换，如下所示。

```
int fun(){
    float b = 10.756;
    return b;  // 希望返回的是 int，但是实际返回的是 float 型
}
```

本例中 fun 函数明确了需要返回的类型是 int，但是实际返回的是浮点的 10.756，10.756 会被隐式地强制转换为 int 的 10，正确的做法是 return (int)b ；否者就会报警告。

- **显式的强制数据类型转换**

```
char a=(char)0x11223344;
    int float(){
        float b = 10.756;
        return (int)b;
}
```

所谓显式的强制转换，就是明确地告诉编译器我们的意图。在前面的隐式强制转换中，绝大多数情况下都会报警告，但是也有一些情况不会报警告，如下所示。

```
char a=345;
int b=a ;
```

因为这种情况下数据存储结构不会发生改变，并且不会丢失任何数据。初学 C 语言时，老师告诉我们警告是没有问题的，但是这里我们需要明确，警告是一种潜在错误。有警告就说明程序中存在含义不明确的情况，这些警告可能就是因为程序员的疏忽导致的，虽然在某一时

刻没有问题，但是很有可能会在未来导致程序错误，警告就是提醒我们这里有问题，程序员需要明确的表明态度。编译时我们必须将所有的警告全部去掉，特别是针对指针的强制转换时，我们一定使用显式强制转换去掉所有的警告。

3.8.4 指针变量数据类型的含义

有了前面的铺垫，理解指针变量的数据类型就相对容易多了。指针的数据类型包含两个方面的类型：一是用于说明指针变量本身的类型，二是用于说明指向变量的类型，如下所示。

```
int a = 10;
int *p=&a;
```

int * 中的星号 *，说明 p 是一个一级指针变量，空间大小为 4 个字节，用于存放地址值。int * 中的 int，表示 p 指向的空间是 int 型的，引用指向的空间时，需要按照 int 类型引用。

3.8.5 指针变量数据类型的强制转换

如果我们希望深刻理解指针的话，就必须对指针的强制类型转换有清楚的认识。对于指针来说，我们一律要求显式强制类型转换，不允许使用隐式类型转换。对于指针的强制类型转换，主要涉及两个方面：一是对指向空间的强制类型转换；二是对指针变量本身做强制类型转换。

- **指向空间的强制类型转换**

```
int a;
float b=136.23;
int *pa=&a;
float *pb=&b;
*pa=(int)*pb;      // 等价于 a=(int)b;
```

对于指针指向空间的强制类型转换，没有太多需要讲解的，本质上就是普通变量的强制类型转换，因为 *pa 和 *pb 使用的就是 a 和 b 这两个空间，与 a=(int)b 没有任何本质区别，这里不再赘述。

- **指针本身强制类型转换**

❶ 指针本身强制类型转换的本质，例子如下。

```
int a;
int *pa=&a;
float *pb=NULL;
pb=(float *)pa;     // 或者 pb=(float *)&a;
```

在本例中，是将指针变量 pa 存放的地址转换为 (float *) 后，赋值给了 pb。pb 里面的地值与 pa 里面的地址值是相等的，但是 pa 放的是 (int *)，而 pb 放的是 (float *) 型。虽然它们都指向同一个空间 a，但不同的是，当使用 *pb 去使用变量空间 a 的时候，会以 float 型的空间大小和数据存储结构使用 a 空间的值。因此总结起来就是，指针变量类型本身的强制转换，改变的是对其指向空间的引用方式，对于 2 级或者多级指针变量来说，道理是一样的。

❷ 指针本身强制类型转换需要注意以下问题。

问题 1：引用时空间大小发生变化，例子如下。

```
float a=13.5;
double *pa=(double*)&a;
double b=*pa;      // 只是读取空间内容的话，不会引起严重错误
*pa = 345.45;      // 如果是写的话，很有可能引起严重错误
```

本例中 a 的空间只有 4 个字节，但是 pa 却以 double 的方式指向了空间 a。通过 *pa 去读取 a 的空间值 13.5 的时候，除了会读 a 空间的 4 个字节外，还会读 a 空间后面紧跟的 4 个字节。如果是写入新数据的话，除了 a 空间的 4 个字节会被写外，后面紧跟的其他空间的 4 个字节也会被修改，这会引起非常严重的错误。所以对于指针变量做强制转换时，多数情况只会将引用空间缩小，而不会将引用空间扩大。

问题 2：引用空间时，数据存储结构变化，例子如下。

```
int a=125;
float b;
float *pa=NULL;

pa = (float *)&a;
float b=*pa;
printf("%f\n", b);  // 打印结果是乱码
```

本例中 a 和 b 的空间大小虽然都是 4 个字节，a 里面的 125 是按照整型存储的，但是通过 *pa 在读取 a 内容的时候，是按照 float 进行读取，结果显然是不对的。这与 3.8.1 小节中的例子其实是一个道理。

总结起来，对于指针本身的强制类型转换，修改的是对指向空间的引用方式，这个过程中我们必须小心，防止引用到别的空间，导致内存越位操作，或者数据访问导致乱码。特别是对于结构体指针以及共用体指针，尤其要注意这方面的问题。

3.9 指针、数组与sizeof运算符

sizeof 的使用方法虽然和函数很像，但实际上它只是 C 语言的一个运算符。sizeof 运算符用于获取括号 () 里面数据类型或者变量所占用的内存字节数。那么我们为什么需要使用 sizeof 呢？因为在不同平台上，各种数据类型实际所占用的内存字节数是不相同的。比如在 32 位系统中，int 占用 4 个字节；但是在 16 位系统中，占用的却是 2 个字

节。所以程序中就需要使用 sizeof 来判断当前变量 / 数据类型在当前环境中的内存字节数。

就 sizeof 而言，相信大家应该是比较熟悉的，但是对于 C 语言基础不是很好的同学来说，在其使用的一些细节问题上，估计还是有些迷惑的地方。本节将会以实例的方式，向大家具体展示在 sizeof 使用时，我们需要注意到的一些细节问题。

3.9.1 char str[]="hello"; sizeof(str)，sizeof(str[0])，strlen(str)

❶ sizeof(str)：结果等于 6，因为 "hello" 还包含了 '\0' 字符。

❷ sizeof(str[0])：结果等于 1，返回的是数组第一元素空间的大小。

❸ strlen(str)：结果是 5，strlen 是 C 语言的库函数，用于测试字符节数组中字符的个数，遇到 '\0' 结尾，但是不包含 '\0'。

3.9.2 char str[]="hello"; char *p=str; sizeof(*p) strlen(p)

❶ sizeof(*p)：返回结果为 1，*p 代表的是第一个元素 str[0] 的空间，空间大小为 1。

❷ strlen(p)：返回结果为 5，p 里面存放的是字符串首地址，strlen 函数测试的是 "hello" 字符个数。

❸ sizeof(p)：为 4，这个指针变量空间的大小。

3.9.3 int b[100]; sizeof(b)

sizeof(b)：返回结果为 400(单位字节)，对于数组来说，b 这个时候代表的就是整个数组空间，此处的含义不再是一个地址。

3.9.4 数组的传参

```
void fun(int buf[100])                  // 等价于 int buf[] 和 int *buf
{
    printf("%d\n", sizeof(buf));        // 打印结果为 4 个字节，因为 buf 指的是一个指针变量
}
int main(void) {
    int buf[100];

    printf("%d\n", sizeof(buf));        // 打印结果为 400，此时 buf 代表的是整个数组
    fun(buf);
}
```

对于数组来说，传参传递的都是数组的首元素首字节地址，其实就是一个普通变量的地址，目的是提高数组的传参效率。至于为什么 C 语言中，接收的数组形参允许 int buf[100]（100 可有可无，只是起一个说明作用）来定义，原因是为了增加代码的可读性。我们都说 C 语言是人性化的语言，在这点上就是一个很明显的表现。因为传递数组本质上传递的是地址，与

普通变量的地址没有任何区别，如果形参直接写成指针变量的形式，就无法区别传递的到底是数组还是一个普通变量的地址。所以 C 语言里面针对数组的形参，才有了类似 int buf[100] 这样的定义方式。

特别是在调用系统 API 的时候，这种可读性是很有必要的，比如系统提供的一个函数，里面要求传递一个数组，提供了以下两种函数原型。

❶ int fun(int *p)

❷ int fun(int p[30])

如果是要求传递一个 30 个元素的整型数组的话，上面这两种写法都没有问题。但是第一种写法我们没有办法明确判断，因为有可能只是需要传递一个普通整型变量地址，但是第二种写法明确地告诉我们，需要传递一个 30 个元素的整型数组，虽然这里 30 并没有实际意义，但是起到了很好的说明作用。

在正常情况下，我们传递数组时，因为传递的只是数组首元素地址，为了操作整个数组空间，我们还需要将数组的元素个数传递过去，如下所示。

```
void fun(int n, int buf[n])
{
    printf("%d\n", sizeof(buf));
}
int main(void) {
    int buf[100];

    fun(sizeof(buf), buf);
}
```

再次提醒，fun 函数第二个形参中括号 [] 中 n 的意思，只是起到一种说明作用，表示的是数组的元素个数，不写也没有任何关系，如果需要写 n 的话，int n 就必须定义在 int buf[n] 之前，否则不能使用。

有一类数组是不需要传递数组元素个数的，那就是字符串数组。因为字符串以 '\0' 标记结尾，虽然不知道数组的元素个数，但知道访问到什么位置结尾，这就是为什么字符串需要以判断 '\0' 结尾，目的就是为了简化对字符串的传参和使用。

3.9.5 #define和typedef的区别

#define 与 typedef 都可以用来给现有类型起别名，但是 #define 只是简单宏替换，而 typedef 不是的，#define 在预编译时被处理，typedef 是在编译时被处理。

- **区别一**

```
#define dpchar char *;
typedef char * tpchar;
```

```
dpchar p1, p2;              // 只是做简单的替换，等价于 char *p1, p2; 只有 p1 才是指针变量
tpchar p1, p2;              // 不是简单的类型替换，等价于 char *p1, *p2; p1,p2 都是指针变量
```

- **区别二**

#define 方式可实现类型组合，但是 typedef 不行，如下所示。

```
#define dInt int;
typedef int tInt;

unsigned dInt p1, p2;     // 正确，等价于 unsigned int p1, p2
unsigned tInt p1, p2;     // 不可以
```

- **区别三**

typedef 可以组建新类型，但是 #define 不行，如下所示

```
typedef char[200] charBuf;
charBuf buf;                 // 等价于 char buf[200]，但是 #define 不可以
```

3.10 指针与函数传参

初学 C 语言的同学，可能会觉得 C 语言里面有两种传参方式，一种是传递普通值，另一种就是传递指针（地址）。实际上这是一种误解，不管是传递普通值还是传递地址，实际上传递都只是一个值，只是传递指针时，被传值比较特殊，是一个地址，具有指向某个空间的作用。

3.10.1 普通传参

```
void fun(int val)          // 在 fun 函数栈中开辟出 val 变量空间，存放传递过来的值。
      {
          printf("%d\n", val);
      }
      int main(void)
      {
          int a = 100;
          fun(a);
          fun(1000);
          return 0;
      }
```

在本例中，fun 函数被调用时，会在自己的函数栈中开辟出名叫 val 的整型参变量空间，调用 fun 函数时，被传值会写入给 val 空间，等价于 val=a，val=1000，被传值相当于右值，形参 val 相当于左值。

所以再次说明，C 语言中值传递的本质就是，当调用被调函数时，被调用函数会在自己的函数栈中开辟相同类型的形参空间，并且将传递过来的值写入形参空间保存。

3.10.2 传递地址（指针）

```
void fun(int *p1, int *p2) // 在 fun 函数栈中开出 p1、p2 指针变量空间，存放传递过来的地址。
{
    printf("%d, %d\n", *p1, *p2);
}
int main(void)
{
    int a = 100;
    int *p = &a;

    fun(&a, p);
    return 0;
}
```

在本例中，传参与普通值传递没有本质区别，都是在函数调用时，将传递值写入被调函数的形参中。与上一例子不同的是，本例中传递的值是指针（地址），所以 p1 和 p2 这两个形参会指向 main 函数中的局部变量 a。

所以“地址值传递”和“普通值传递”都是值传递，实参是数值，也可以是变量。

3.10.3 传递数组

数组是没有普通值传递的，只有地址传递，原因是，一般情况下数组的空间会非常大，如果采用普通值传递的话，就意味着形参必须开辟同样大小的数组空间来存放被传递数组的所有元素的值。比如被传数组有 100 个元素，那么形参也需要一个 100 个元素空间的形参数组，效率会很低。为了提高数组传参的效率，传递的都是数组的首元素首字节地址，只有 4 个字节大小，效率非常高。

前面提到过，传递数组时，形参的写法有两种，一种是直接写成指针变量的形式，另一种是写成“类型 名称 []”的形式。这两种写法完全等价，中括号 [] 写法是为了提高可辨识性，当看到这个形参是这么写的时候就知道，传递的是数组，而不需要查看函数内容来判断。

鉴于前面讲数组的时候，已经举过不少数组传参的例子，这里只是想和其他的传参方式进行对比，所以就不再举例。

3.10.4 传递结构体

共用体的传参情况和结构体的传参情况非常相似，所以这里只讲解结构体的传参情况，对于结构体来说根据需求的不同，实际上有四种传参方式。

❶ 成员值传递：传递结构体成员值，其实就是普通值传递。

❷ 成员地址传递：传递结构体成员的地址，其实就是地址传递。

当我们只需要传递结构体成员时候，大多数情况下我们会使用这两种传递方式，具体使用哪种传递方式视情况而定。

❸ 传递整个结构体：将整个结构体视为一个普通值进行传递，形参需要开辟同等大小的结构体空间，用于存放传递过来的结构体内容。

❹ 结构体的地址传递：传递整个结构体变量的地址，之所以传递整个结构体地址，是因为当结构体有几十个成员项的时候，传递整个结构体的做法显然是不合适的，为了提高效率，最好传递结构体地址。具体的结构体传参的例子，会在结构体专题章节举出。

3.10.5 传递普通值和传递地址的异同，以及传递地址（指针）应该遵循的原则

这里再次总结下，“普通值传递”和“地址值传递”的本质是完全一样的，不同的是，地址值带有指向某个空间的作用，这样就可以利用传递过来的地址引用其指向的空间。

是不是任何时候都可以地址传递呢？答案是肯定的，但是地址传递不是随便使用的，因为传递地址时，地址指向空间存在被修改的风险，那么我们在什么情况下才会传递地址（指针）呢？一般来说遵循以下两个原则。

- **修改原则**

所谓修改原则，就是指某个空间内容需要被调函数进行修改，但是被调函数又不能直接访问该空间的时候，我们就需要把这个空间的地址传递过去。

- **效率原则**

比如传递数组时，传递的是数组首地址，遵循的就是效率原则；又比如在传递体量庞大的结构体时候，为了提高传递的效率，我们要求传递结构体的地址。但是当数组和结构体内容不允许修改的时候，传递地址会一不小心就被修改了。如果是普通值传递的话，修改永远都只是副本形参，如果想传递地址，但又不希望被修改的话，我们可以使用 const 对形参进行修饰，这在后面还会有详细的解说。

除了以上两个原则外，都应该尽量考虑使用普通值传递。还有一点必须要说的是，前面在讲指针的时候，多次提到“引用”这个词，在 C++ 里面有专门叫做“引用”的概念，我们这里提到的引用一定不能和 C++ 里面的引用相互混淆，这是两个不同的概念。

3.11 输入型参数与输出型参数

在前面的内容中，我们已经或多或少地涉及了函数的传参、返回值。在这一节里面，我们准备针对函数的传参和返回值做一个系统化的讲解，以便大家对函数的理解有一个质的提升。

3.11.1 函数为什么需要传参和返回值

- **理解函数结构**

函数名：编程人员识别用，本质上是指函数代码在内存中的首字节地址，是一个地址常量，实际上直接写函数地址的方式，也是可以调用函数的，比如 0x42434435(20, 40)。

函数体：由{}括起来，里面包含函数代码，是函数的具体逻辑实现。

形参和返回值：函数就是一个“加工厂”，目的就是加工送去的“原材料”，生产出相应的产品，这里形参就是原材料输入口，返回值就是加工后的产品输出口。

- **函数传参和返回值的多种实现方式**

方法 1：以形参和返回值方式实现。

```
int fun(int a, int b) {
    return a+b;
}

int main(void) {
    fun(10, 20);
    return 0;
}
```

这种方式最常见，大多数时候都是这样实现的，其好处主要是能够提高函数的封装性，但代价是降低了函数调用的效率。对于函数来说，函数的封装性才是很重要的。

方法 2：通过全局变量方式实现。

许多同学可能都不太清楚全局变量的作用，其实全局变量就是用来进行参数的传递和返回的。

```
int a;
int b;
int c;

void fun() {
    c=a+b;
}

int main(void) {
    a=10;
    b=20;
    fun();
    return 0;
}
```

这种方式的优点是提高了函数的调用的效率，缺点是函数的封装性差了。如果所有函数都这样做的话，全局变量会非常多，代码凌乱不堪，所以这种方式用得比较少。那么我们一般在什么样的情况下才会采用这种方式呢？当某个值会被非常多数的子函数使用，并且函数嵌套调用很深，而且所有被调的函数都需要这个值的时候，我们就需要采用这样的方式了。

当我们的函数需要返回多个值的时候怎么办？可以采用形参来实现，只是这个时候需要传递地址（指针），如下所示。

```
void fun(int a, int b, int c, int d, int *pe, int *pf, int *pg, int *h) {
```

```
        *pe = a*a;
        *pd = b*b;
        *pg = c*c;
        *ph = d*d;
    }

    int main(void) {
        int e = 0, f=0, g=0, h=0;

        fun(10, 20, 30, 40, &e, &f, &g, &h);

        return 0;
    }
```

通过传递 e 和 f 等的地址，实现了返回值，其实这里面就是传递地址时需要遵守的修改原则。因为 e 和 f 等的内容需要被修改，所以就必须传递它们的地址。一般来说，我们的函数形参不要超过 4 个，一旦超过 4 个会影响函数的调用效率，当确实需要传递值和返回值很多，超过了 4 个以上时，可以使用结构体封装，直接传递结构体变量指针就行。

函数真正的返回值，在很多时候，都是通过返回 0 或 −1 或者其他来表示函数是执行成功了还是失败了，在 c 语言的库函数和 linux 的系统函数中，大多数情况都是这样的。

3.11.2 函数传参中为什么使用const指针

前面我们说过，传递地址遵守两个原则，一是修改原则，二是效率原则。其实修改原则就是前面说的，利用传参来实现函数返回值。除了数组和结构体外，一般情况下，如果是为了得到返回值，我们就传递地址，否则就是传递普通值。但是对于数组和结构体来说，为了提高传参的效率，基本传递的都是地址。数组不用说，不管什么情况只能传地址，对于结构体来说尽量要求传地址。但问题是当传递数组结构体地址时，有的时候只是使用其内容而不是要修改，但是我们传递了地址后，就一定存在被修改的可能。那么当为了提高效率必须传递地址，但又不能修改它的内容的时候，我们应该怎么做呢？这个时候就可以加入 const 来锁定，比如下面这个例子。

```
void fun(char *dest_str, const char *src_str) {
    strcpy(dest_str, src_str);
}

int main(void) {
    char dest_str[40] = {0};
    char src_str[] = {"hello word"};
    fun(dest_str, src_str);

    return 0;
}
```

在本例中，fun 函数传递了两个数组。fun 函数的第一个形参是为了被修改，返回被复制后的字符串，第二个参数是被复制字符串的源，这个源数组是不能被修改的，但是因为传递的是地址，存在被修改的风险，所以加了 const 修饰，表明 src_str 指向的是“常量”，不能被修改。const 在形参里面被使用时，基本都是用在数组和结构体的指针形参上。

3.11.3 总结

形参里面，凡是只使用值的，我们都称之为输入型参数，目的只是为了传递函数需要用到的数值。如果这些参数里面涉及指针的时候（主要是数组和结构体），必须加入 const 修饰，防止被修改。如果是希望通过形参返回某个值的时候，我们把这种参数称为输出型参数，而且这一类的参数，传递的必须是地址（指针），并且不能加 const 修饰。

课后题

1. 下面程序运行后的输出结果是____。（软考题）

```
#include <stdio.h>
#include <string.h>
void main() {
    char a[7] = "china";
    int i, j;
    i = sizeof(a);
    j = strlen(a);
    printf("%d, %d\n", i, j);
}
```

A. 5，5　　B. 6，6
C. 7，5　　D. 7，6

2. 以下关于变量和常量的叙述中，错误的是____。（软考题）

A. 变量的取值在程序运行的过程中可以改变，常量则不行。
B. 变量具有类型属性，常量则没有。
C. 变量具有对应的存储单元，常量则没有。
D. 可以对变量赋值，不能对常量进行赋值。

3. 阅读下列说明和程序，回答问题 1 和问题 2。（软考题）

在开发某个嵌入式系统时，设计人员根据系统的要求，分别编写了相关程序。

其中李工编写的一个数据交换程序。

```
#include    <stdio.h>
swap(int x, int y) {
    int t;
    t = x;
    x=y;
    y=t;
}
main() {
```

```
        int a, b;
        a=3;
        b=4;
        swap(a, b);
        printf("%d, %d\n", a, b);
    }
```

问题1：执行程序1后，打印出来的结果为a=3，b=4，实际上并没有完成数据的交换，请指出李工的问题，并改正程序的错误。

问题2：李工编写某嵌入式软件时，遇到了以下问题，请帮助李工解答下面的这个问题。

李工的程序无法通过编译，经过检查后，将头文件的 #include <filename.h> 改为 #include "filename.h" 后就通过了编译，那么请问 #include <filename.h> 和 #include "filename.h" 的区别在什么？

4. 以下关于C/C++语言指针变量的叙述中，正确的是____。（软考题）

   A. 指针变量可以是全局变量也可以是局部变量。
   B. 必须为指针变量与指针所指向的变量分配相同大小的存储空间。
   C. 对指针变量进行算术运算没有意义的。
   D. 指针必须由动态产生的数据对象来赋值。

5. 回答如下这些问题。

❶ char str[] = ” hello” ;　　sizeof(str) = ?　　sizeof(str[0]) = ?　　strlen(str) = ?

❷ char *p=str;　　sizeof(p) = ?　　sizeof(*p) = ?　　strlen(p) = ?

6. 分析下面这些 const 的作用。

❶ const int a = 4;　　// 定义常量 a，其值一直为 4

❷ const int *p;　　// 指针变量 p 可变，而 p 指向的变量不可变

❸ int const *p;　　// 指针变量 p 可变，而 p 指向的变量不可变

❹ int *const p;　　// 指针变量 p 不可变，而 p 指向的变量可变

❺ const int *const p;　　// 指针变量 p 和 p 所指向的内容均不可变

7. 请问 const 修饰本函数 void fun(int const* p){} 中，修饰形参的作用是什么？

第04章

C语言复杂表达式与指针高级应用

4.1 引言

第 3 章把指针以及指针跟数组相关的话题做了一些讲解，主要是指针与函数传参，这些其实是我们比较常用的一些指针的技巧，但是在复杂的应用中是远远不够的。

因此这一章会讲一些有关指针的复杂应用，复杂的东西主要包括指针数组、数组指针、函数指针和指针函数。其中指针数组和数组指针是入门级的，函数指针算是比较难的。当然了，函数指针还有一些扩展，如函数指针数组等，在这方面你可以任意地去扩展。虽然这些知识比较难，但是对于想要学习 Linux 内核的人，这是个必过的关卡，因为这种形式在 Linux 内核中多如牛毛。

最后，本章的实战部分还会提到如何用函数指针实现分层结构，像这一类的知识在 Linux 内核中也比比皆是。

4.2 指针数组与数组指针

本节讲述两个很容易混淆的 C 语言复杂符号：指针数组与数组指针。并且希望通过这两个"入门级"的复杂符号引入 C 语言复杂表达式的解析方法。

4.2.1 简单理解指针数组与数组指针

要想搞清这两个概念，先抛开 C 语言，我们从字面上来理解这两个意思，究竟什么是数组指针，什么是指针数组？从语文的观点来理解的话，一般放在前面的是修饰词，放在后面的是主语。

指针数组的实质是一个数组，但是为什么前面要加个指针的修饰词呢？因为这个数组里面的元素全部是指针变量，从这可以看出其实指针数组就是一个普通数组，只是数组中的元素是指针变量，因而叫指针数组。

用同样的方式来理解一下数组指针。数组指针的实质是一个指针，为什么前面要有数组的修饰词呢？因为这个指针指向的是一个数组，因而叫数组指针。

4.2.2 分析指针数组与数组指针的表达式

大部分同学对这两个概念都有一些基本的了解，只是有时候分不清楚是什么。比如 int *p[5]; 是个什么东西？

大部分同学应该知道，这个东西不是数组指针就是指针数组。只是不知道究竟是哪一个而已。为什么不知道呢？或许有人会说是因为记不住。如果光靠记忆，那肯定是行不通的，因为这个东西根本就不是用来记的，如果靠记忆来区别它，那是很难的。

那么 int *p[5] 究竟是什么，跟它相关的还有这几个：int (*p)[5]、int *(p[5])。其实想要理解这些并不难，只要把握一般规律就可以了。

int *p，这里的 p 是一个指针；int p[5]，这里的 p 是一个数组。你是怎么知道这是一个指针，那是一个数组呢？有很多人会说当年我学的时候这样写就是指针，那样写就是数组。这就是悲剧的来源，为什么你会悲剧呢？因为一开始你就是个悲剧，一开始有人告诉你这是个指针，所以它是个指针，有人告诉你它是个数组，所以它是个数组。其实这样的理解是错误的，并不是因为有人告诉你它是个指针，所以它就是个指针，有人告诉你它是个数组，所以它就是个数组。

原因是 C 语言的编译器认为它是个指针，所以它是个指针，C 语言的编译器认为它是个数组，所以它就是个数组。那 C 语言的编译器又怎么区分指针和数组呢？指针的原因就在于这个星号 *。因为 p 前面有个 * 符号，所以它就是个指针。数组就在于 p 后面有中括号 []，因此它才是个数组。

总而言之，我们在定义一个符号时，首先要搞清楚你定义的符号是谁（第一步：找核心）。举个例子：int *p[5] 这个式子中 p 是核心。为什么它是核心呢？这里的 int、*、中括号 []、分号这几个符号都是为了定义 p，因此它是核心。这里的关键就是要找到核心是谁，如果这个都找不到，那么后面的事跟你的关系已经不怎么大了。

其次再来看谁跟核心最近、谁先跟核心结合（第二步：找结合）；以后继续向外扩展（第三步：继续向外结合直到整个符号结束）。

这里说的一般规律就是第一步找核心，第二步找结合。

举个例子：int *p 这里的核心是 p，但是 p 跟谁结合呢？这里有两个选择，一个是星号 *，另一个是分号；，那么 p 会优先跟谁结合呢？根据一般规律，分号是不结合的，因此 p 与星号 * 结合成 *p，*p 又是个什么东西呢？左边是 int，右边是分号，因为分号不结合，因此 *p 与

int 结合表示 p 这个指针指向 int 型的数据。再举个例子：int p[5] 中，核心是 p，p 左边是 int，右边是中括号 []，根据优先级，p 与中括号 [] 结合成数组。那么这个数组的元素又是什么呢？p[] 左边是 int，右边是分号，因为分号不结合，所以 p[] 与 int 结合表示数组中的元素是 int 型的。

注意： 如果核心和星号 * 结合，表示核心是指针；如果核心和中括号 [] 结合，表示核心是数组；如果核心和小括号 () 结合，表示核心是函数。

下面用一般规律来分析三个符号。

第一个：int *p[5] 的核心是 p，但是 p 左边是星号 *，右边是中括号 []，那么 p 应该先跟谁结合呢？这里就需要看谁的优先级更高，优先级高的先与其结合。因为中括号 [] 比星号 * 的优先级更高，因此 p 是一个数组，数组有 5 个元素，数组中的元素都是指针，指针指向的元素类型是 int 类型的。最终整个符号是一个指针数组。

第二个：int (*p)[5] 的核心是 p，因为小括号 () 的优先级是最高的，因此 p 是一个指针，指针指向一个数组，数组有 5 个元素，数组中存的元素是 int 类型。 总结一下，整个符号的意义就是数组指针。

第三个：int *(p[5]) 的解析方法和结论和第一个相同，小括号 () 在这里是可有可无的。

注意： 符号的优先级到底有什么用？其实是决定当两个符号一起作用的时候哪个符号先运算，哪个符号后运算。有很多初学者对运算这个词并不了解，很多人只认为四则运算才叫运算；有些经验的同学会认为左移右移也叫运算，位与位或也叫运算。但其实星号 *、中括号 [] 和小括号 () 这些符号也是运算。在 C 语言中，只要跟运算符有关的都是运算。

遇到优先级问题怎么办？第一，查优先级表；第二，自己记住（全部记住就成神了，只要记住中括号 [] 等几个优先级比较高的符号即可）。

根据上面的例子做一下总结。

首先，优先级和结合性是分析符号意义的关键。

在分析 C 语言问题时不要胡乱去猜测规律，不要总觉得 C 语言无从捉摸，从已知的规律出发按照既定的规则去做即可。

其次，学会逐层剥离的分析方法。找到核心后从内到外逐层地进行结合，结合之后可以把已经结合的部分当成一个整体，再去和整体外面的继续进行结合。

最后，基础理论和原则是关键，没有无缘无故的规则。

4.3 函数指针与typedef

本节将介绍函数指针这个更为复杂些的 C 语言表达式，使用上节介绍过的方法来解析函数指针，让大家再次复习这种非常有效的分析方法，并且引入 typedef。

4.3.1 函数指针的实质（还是指针变量）

函数指针是个什么东西呢？函数指针的实质还是指针。本身占4个字节（在32位系统中，所有的指针都是4字节）。

函数指针、数组指针、普通指针之间并没有本质区别，区别在于指针指向的东西是什么。

函数的实质是一段代码，这一段代码在内存中是连续分布的（一个函数的大括号括起来的所有语句将来编译出来生成的可执行程序是连续的），所以对于函数来说很关键的就是函数中的第一句代码的地址。这个地址就是所谓的函数地址，在C语言中用函数名这个符号来表示。在前面也曾经讲过，函数名的实质其实就是函数这段代码的首地址。

结合函数的实质，函数指针其实就是一个普通变量，这个普通变量的类型是函数指针变量类型，它的值就是某个函数的地址（也就是它的函数名这个符号在编译器中对应的值）

4.3.2 函数指针的书写和分析方法

C语言本身是强类型语言（每一个变量都有自己的变量类型）。是不是所有编程语言的变量都有明确类型呢？其实不是的。在一些弱类型语言中，它的变量是没有类型的。如脚本，它就是个弱类型语言。Makefile也是弱类型语言，在里面没有类型。但是强类型并不是不好，它有自己的特点，例如编译器可以帮我们做严格的类型检查，这个就是强类型语言的显著优点。

强类型语言中每一个变量、每一个符号都有自己的类型，类型本身是否匹配编译器是可以帮助我们检查的。但是编译器帮我们检查究竟是好事还是坏事呢？其实它既是好事也是坏事。总体来说是一件好事，因为当出现问题的时候，程序员自己并不知道，但是编译器知道。例如很多新手一开始学习的时候，编译器一报错他就烦，总是抱怨编译器为什么总是不停报错报警告呢。其实编译器报错报警告是一件好事。这就像你在家里，父母看着你，要是你做不好的事情，你爸会说这不能做。要是你摸不该摸的东西，你爸会说“这不能摸”。也许你会感到很烦，但是正是因为你爸管着你，你才不会犯那么多的错误。当你长大以后，做了自己都无法承担的错事的时候，你那时才会发现其实还是爸妈管着好。语言也是这样子，像C语言就是有爸妈管着的，编译器帮我们做了严格的类型检查，这就是好处。那么类型检查跟指针符号又有什么关系呢？

所有的指针变量类型其实本质都是一样的，但是为什么在C语言中要去区分它们，写法不一样呢（如int类型指针就写作int *p，数组指针就写作int (*p)[5]。同样是一个p，后面的就比前面的长，但是两个都是为了定义一个指针变量p，为什么不直接写成int *p，而要int (*p）[5]呢？主要原因就在于不同的写法可以给编译器提供不同的消息，例如编译器一看到int (*p)[5]，就知道它是一个数组指针，编译器一看到int *p，就知道它是一个普通指针。当编译器后来做类型检查的时候，它就会去匹配各个参数。下面来做一个简单的实验。

```
#include <stdio.h>
int main(void)
{
	int *p;
	int a[5];
	p = a;
	return 0;
}
```

这段代码是否可行呢？ p 是一个 int 类型的指针，让它指向一个数组名（这里数组名做右值表示的是数组首元素的首地址），这段代码编译时究竟能否通过呢？经过编译，这个代码没有任何问题。但它为什么能够通过呢？其实很简单，当 a 做右值时，它表示的是数组首元素的首地址，而这个首元素就是 int 型的元素。作为 int 型元素的地址与一个 int 类型的指针，它们两个是非常配的。也正是因为类型般配，所以编译器不会警告，更不会报错。

下面再写一段代码。

```
#include <stdio.h>
int main(void)
{
	int *p;
	int a[5];
	p = &a;
	return 0;
}
```

这段代码中 p = &a 这句左边是一个 int 类型的指针，右边是一个数组的地址，具体的是 int (*)[] 这个类型的，因此这两个类型就不匹配了，用 GCC 编译时会出现警告。

下面再写一段代码。

```
#include <stdio.h>
int main(void)
{
	int a[5];
	int (*p1)[5] ;
	p1 = &a;
	return 0;
}
```

在这段代码中，p1 是 int (*)[] 类型，而 &a 也是 int (*)[] 类型，因此该代码编译时不会报警告。

假设我们有个函数是 void func(void)，这个函数是非常简单的，该函数的传参是 void 类型，函数的返回值也是 void 类型。那么下面应该写该函数对应的函数指针。对应的函数指针 void (*p)(void)；p 这个名字是随便起的，类型是 void (*)(void)。下面用代码来测试一下。

```
#include <stdio.h>
void func1(void)
{
	printf("I am func1.\n");
}
int main(void)
{
	void (*pFunc)(void);
	pFunc = func1;			// 左边是一个函数指针变量，右边是一个函数名
	pFunc();
	return 0;
}
```

函数名和数组名最大的区别就是：函数名做右值时加不加 & 效果和意义都是一样的；但是数组名做右值时加不加 & 意义就不一样。

写一个复杂的函数指针的实例：如函数是 strcpy 函数（char *strcpy(char *dest, const char *src);），对应的函数指针是 char *(*pFunc)(char *dest, const char *src)，但是这样写是否正确呢？还需要用代码验证一下。

```
#include <stdio.h>
#include <string.h>
int main(void)
{
	char a[5] = {0};
	char* (*pFunc)(char *, const char *);
	pFunc = strcpy;
	pFunc(a, "abc");
	printf("a = %s.\n", a);
	return 0;
}
```

通过测试，发现没有错误，那就说明类型是匹配的。

4.3.3 typedef关键字的用法

typedef 是 C 语言中的一个关键字，用于定义新的类型（或者叫类型的重命名）。

C 语言中的类型一共有两种：一种是编译器定义的原生类型（基础数据类型，如 int、double 之类的）；第二种是用户自定义类型，不是语言自带的，而是程序员自己定义的（如数组类型、结构体类型、函数类型等）。

我们今天讲的数组指针、指针数组、函数指针等都属于用户自定义类型。像上一节的指针数组与数组指针，写起来并不是很长，但是到了函数指针，显然变长了好多。

有时候自定义类型太长了，用起来不方便，所以用 typedef 给它重命名一个简短的名字。所以 typedef 本身并不生产类型，只是负责给类型起一个好听的名字。就像农夫山泉说“我们并不生产水，我们只是大自然的搬运工”；在这里就是，我们并不生产类型，我们只是类型的命名工。

注意，typedef是给类型重命名，也就是说typedef加工出来的都是类型，而不是变量。这里要注意类型与变量的区别。类型本身并不占内存，它只是一个模具，而变量是这个类型的一个具体实例。如果用面向对象的思想来理解，则类型就是类，而变量就是对象。

4.4 函数指针实战1——用函数指针调用执行函数

在上面的几个小节中，介绍了复杂一点的指针形式，主要包括数组指针和指针数组，并且教会了大家如何去具体地分析。接着讲了函数指针，并详细讲述了复杂类型的分析方法。

在本节中，将主要围绕应用来讲一下函数指针，函数指针的应用其实是非常多的，比较简单的是用函数指针调用执行函数，复杂一些的是结构体内嵌函数指针实现分层。

这里以实战为主，用具体的代码来实现某一功能。当你大概知道如何使用之后，再去看Linux内核驱动框架的时候，其实都是类似的，只不过那个框架和代码要比这个庞大好多。但是再怎么庞大，它的原理是相同的。下面来看用函数指针调用执行函数。尽管我们在之前已经看过好多遍了，也给大家写过简单的代码，但是这节我们换个思维继续来看一下。

```
#include <stdio.h>
int add(int a, int b);
int sub(int a, int b);
int multiply(int a, int b);
int divide(int a, int b);

// 定义了一个类型 pFunc，这个函数指针类型指向一种特定参数列表和返回值的函数
typedef int (*pFunc)(int, int);

int main(void)
{
      pFunc p1 = NULL;
      char c = 0;
      int a = 0, b = 0, result = 0;
      printf("请输入要操作的2个整数:\n");
      scanf("%d %d", &a, &b);

      printf("请输入操作类型:+ | - | * | /\n");

      do
      {
          scanf("%c", &c);
      }while (c == '\n');
      // 加一句调试
      // printf("a = %d, b = %d, c = %d.\n", a, b, c);

      switch (c)
      {
          case '+':
              p1 = add; break;
          case '-':
              p1 = sub; break;
```

```
            case '*':
                p1 = multiply; break;
            case '/':
                p1 = divide; break;
            default:
                p1 = NULL;  break;
        }

        result = p1(a, b);
        printf("%d %c %d = %d.\n", a, c, b, result);

        return 0;
}

int add(int a, int b)
{
        return a + b;
}

int sub(int a, int b)
{
        return a - b;
}

int multiply(int a, int b)
{
        return a * b;
}

int divide(int a, int b)
{
        return a / b;
}
```

这个代码就模拟一个计算器，下面调用的这四个函数有几个共同点，返回值都是 int 类型，接收参数都是两个 int 类型。由于这四个函数的共同点，因此我们可以定义出下面的类型 typedef int (*pFunc)(int, int)。

最简单的函数指针来调用函数的示例，在上节课中已经演示过了。

本节演示的是用函数指针指向不同的函数，来实现同一个调用执行不同的结果。

如果学过 C++、Java 或者 C# 等面向对象语言，就会知道面向对象三大特征中有一个多态。多态就是同一个执行但结果不一样，跟我们这里看到的现象其实是类似的。

刚才的调试过程，可以得到很多信息。

第一，当程序出现段错误时，第一步先定位段错误。定位的方法就是在可疑处加打印信息，从而锁定导致段错误的语句，然后集中分析这句为什么会段错误。要知道，任何一个人看到错误的代码都无法瞬时说出它错误的地方，任何一个人都不可能仅凭经验、智商甚至聪明来指出错误在哪里。如果你能一眼看出错误在哪里，只有一种情况，就是你以前遇到过同样的错误。但是对大家来说，经验恰恰是最缺乏的，那么就需要用理论的方法去分析即可。

第二，Linux 中命令行默认是行缓冲的，意思就是说当程序 printf 输出的时候，Linux 不会逐字输出我们的内容，而是将其缓冲起来放在缓冲区，等一行准备好之后再一次性把一行全部输出出来（为了效率）。Linux 判断一行有没有结束的依据就是换行符 '\n'（Windows 中换行符是 "\r\n",Linux 中是 '\n'，iOS 中是 '\r'）。也就是说，printf 再多，只要没有遇到 '\n'（或者程序终止，或者缓冲区满）都不会输出，而会不断缓冲，这时候你是看不到内容输出的。因此，在每个 printf 打印语句（尤其是用来做调试的 printf 语句）后面一定要加 '\n'，否则可能导致误判。

第三，关于在 linux 命令行下用 scanf 写交互性代码的问题，要注意以下几点。

❶ 命令行下的交互程序纯粹是用来学习编程用的，几乎没有实践意义，大家别浪费时间了。

❷ scanf 是和系统的标准输入打交道，printf 和标准输出打交道。要完全搞清楚这些东西，先得把标准输入标准输出搞清楚。

❸ 我们在输入内容时都会以 '\n' 结尾，但是程序中 scanf 的时候都不会去接收最后的 '\n'，导致这个回车符还留在标准输入中。下次再 scanf 时就会先被拿出来，这就让你没机会拿到真正想拿的那个数，scanf 的很多错误就是这么来的。

4.5 函数指针实战2——结构体内嵌函数指针实现分层

程序为什么要分层？因为复杂程序中的东西太多，一个人搞不定，需要更多人协同工作，于是乎就要分工。要分工先分层，之后，各个层次由不同的人完成，然后再彼此调用组合共同工作。

本程序要完成一个计算器，我们设计了 2 个层次：上层是 framework.c，实现应用程序框架；下层是 cal.c，实现计算器。实际工作时 cal.c 是直接完成工作的，但是 cal.c 中的关键部分是调用 framework.c 中的函数来完成的。

下面用代码来实现一下。

有一个小问题，应该先写 framework.c 还是先写 cal.c？有经验的人都知道应该先写 framework.c。为什么呢？因为 cal.c 里面的程序是被 framework.c 调用的，如果没有 framework.c，那么根本就不可能知道 cal.c 需要哪些代码，因此应该先写 framework.c 中的内容。但是 framework.c 里面究竟应该先写什么呢？其实应该先写实际业务关联的代码，如写一个计算器，那么可以给它一个框架。

在实际的工作中，framework.c 与 cal.c 是相互合作的，既然要互相协作，那么就需要一个可以在二者之间传递信息的标准。那么如何才能传递信息呢？这里可以使用头文件来进行传递。因此创建一个文件，名叫 cal.h，这个文件就是用来在 framework.c 和 cal.c 之间传递信息。写 cal.h 这个头文件时需要将头文件必备的一些格式写上去，如下所示。

```
#ifndef __CAL_H__
#define __CAL_H__
#endif
```

或许有人会问，写这个有什么用呢？其实写这个是为了防止头文件被重复包含。

```
typedef int (*pFunc)(int, int);
// 结构体是用来做计算器的，计算器工作时需要计算用的原材料。
struct cal_t
{
      int a;
      int b;
      pFunc p;
};
```

这个结构体就包含三个内容：a、b和一个函数。那么将来在计算时，我们就是利用这三个原材料来进行计算。

最终cal.h的程序如下所示。

```
#ifndef __CAL_H__
#define __CAL_H__


typedef int (*pFunc)(int, int);

// 结构体是用来做计算器的，计算器工作时需要计算原材料
struct cal_t
{
      int a;
      int b;
      pFunc p;
};

// 函数原型声明
int calculator(const struct cal_t *p);

#endif
```

下面再写framework.c时就比较清楚了，如下所示。

```
#include "cal.h"

// 计算器函数
int calculator(const struct cal_t *p)
{
      return p->p(p->a, p->b);
}
```

先写framework.c，由一个人来完成。这个人在framework.c中需要完成计算器的业务逻辑，并且把相应的接口写在对应的头文件中发出来，将来别的层的人用这个头文件来

协同工作。

另一个人来完成 cal.c，实现具体的计算器。这个人需要 framework 层的工作人员提供头文件来工作（但是不需要 framework.c）。

cal.c 的代码如下所示。

```
#include "cal.h"
#include <stdio.h>
int add(int a, int b)
{
        return a + b;
}

int sub(int a, int b)
{
        return a - b;
}

int multiply(int a, int b)
{
        return a * b;
}

int divide(int a, int b)
{
        return a / b;
}
int main(void)
{
        int ret = 0;
        struct cal_t myCal;

        myCal.a = 12;
        myCal.b = 4;
        myCal.p = divide;

        ret = calculator(&myCal);
        printf("ret = %d.\n", ret);

        return 0;
}
```

或许有很多人看到这里还是迷迷糊糊的，这是正常的，因为你以前并没有架构方面的思想，不知道哪个代码应该写在哪里，也不知道代码这样写的好处。很多人看到这里有一个疑问，认为这节的代码与上节的代码是在解决同一个问题，其实这样的感觉是正确的，确实是在解决同一个问题。但是上一节的代码简单，这一节的代码明显要难一些。或许有人会问为什么要这样写啊？多此一举？

我们现在就相当于是拿着牛刀来杀鸡。因为我们现在做的这件事其实很简单，所以你会感觉我们的代码过于复杂，但是在 Linux 内核中的代码全都是这样写的。为什么呢？因为 Linux 所要处理的问题用简单的代码根本就无法处理。

最后总结一下本小节的知识点。

第一，本节和上节实际完成的是同一个习题，但是采用了不同的程序架构。

第二，对于简单的问题来说，上节的不分层反而容易理解；本节的分层代码不好理解，仿佛是把简单问题复杂化。原因在于我们这个问题本身确实是简单的问题，而简单问题就应该用简单的方法处理。我们为什么明知错误还要这样做？目的是向大家演示这种分层的写代码的思路和方法。

第三，分层写代码的思路是结合多个层次来完成任务，每个层次专注各自不同的领域和任务，不同层次之间用头文件来交互。

第四，分层之后上层为下层提供服务，上层写的代码是为了在下层中调用。

第五，上层注重业务逻辑，与我们最终的目标相直接关联，而没有具体干活的函数。

第六，下层注重实际干活的函数，为上层填充变量，并且将变量传递给上层中的函数（其实就是调用上层提供的接口函数）来完成任务。

第七，下层代码中其实核心是一个结构体变量（如本例中的 struct cal_t）。写下层代码的逻辑其实很简单：第一步先定义结构体变量；第二步填充结构体变量；第三步调用上层写好的接口函数，把结构体变量传给它既可。

4.6 再论typedef

4.6.1 轻松理解和应用typedef

用最简单的话去诠释 typedef 的作用，就是用于给类型取别名。但是，并没有你想象的那么简单！如 typedef int size，那么 int 就有一个别名叫 size 了，以后 size 就和 int 这个类型是一样的用法了。

看到这里，如果你仅仅认为 typedef 就是把第一个参数（类型名）等同于第二个参数这么简单，那你就想的太简单了。

再来看看下面这个例子，typedef char Line[81] 中 Line[81] 就是 char 的别名吗？这显然不对。它真正的含义是 Line 类型即代表了具有 81 个元素的字符数组。那么 Line t 就等同于 char t[81]。看到这里读者是否晕了？我们尝试把它放在一起看看。

```
typedef int size;                     // typedef 行
int               i;                  // 原型行
size              i;                  // 应用行
同理：
typedef char Line[81];                // typedef 行
char              t[81];              // 原型行
Line              t;                  // 应用行
```

再举一个函数指针的例子，如下所示。

```
typedef    int     (*fun_ptr)(int,int);         // typedef 行
int        (*fp)(int,int);                      // 原型行
fun_ptr            fp;                          // 应用行
```

以上三个例子都有以下几个共同点。

首先，“typedef 行”和“原型行”相比，“typedef 行”仅仅多个 typedef 而已。就函数指针的例子来说，“typedef 行”和“原型行”的根本区别在于，fun_ptr 是类的别名，fp 是该类的变量。

其次，“原型行”和“应用行”的编译结果是一样的。就函数指针的例子来说，它们都是创建了一个类型为 int(*)(int,int) 的函数指针 fp。只是 fun_ptr fp（应用行）比 int(*fp)(int,int)（原型行）这种形式更加简洁，便于书写和理解。形式越复杂，typedef 的优势就越明显。

typedef 的定义应用和理解应该是一步到位的。

- **定义过程**

只要我们能写出原型行，就能直接写出 typedef 行，因为形式上只差一个 typedef。如我们写出原型：char　　t[81]，那么加上一个 typedef 就能得到我们想要的定义，当然也可以修改下类名，如 typedef char T[81]。

- **应用过程**

“T t;”中，T 是之前定义的类型，t 是通过该类型定义的变量。

- **理解过程**

要想理解“T t;”，就要找到与之对应的“原型行”，但是“原型行”一般在程序中不会出现，所以只能先找到“typedef 行”，在通过“typedef 行”推导出“原型行”（推导的过程就是去掉 typedef 而已）。

在“T t”的定义中，T 的 typedef 定义形式为 typedef char T[81];，因此 T t 就等价于 char t[81]; 所以：

```
typedef char T[81];
   T t;
```

与直接 char t[81]; 是完全等价的。

- **小结**

当我们看到一个 typedef 定义时，如 typedef int(*fun_ptr)(int,int)。我们的大脑里需要考虑两件事。

❶ typedef是给类型取别名，所以只要是typedef定义的东西都是类型。所以，看到以上表达式就要意识到fun_ptr是个类型。

❷ 要理解typedef到底定义了什么，首先去掉typedef，再将typedef定义的“类型”看成“变量”。如将以上表达式就看成int(*x)(int,int)，就能明白该表达式的目的是想定义一个函数指针类型。

- **注意事项**

typedef在语法上是一个存储类的关键字（如auto、extern、static、register），而变量只能被一种存储类的关键字修饰。

如果变量被两种及以上存储类的关键字修饰则导致编译报错。

```
typedef static int a;     // 错误示范
```

错误信息为“multiple storage classes in declaration specifiers”

4.6.2 typedef与#define宏的区别

讲到typedef，就不得不提#define，以便大家对比学习，将知识点编织成网。与typedef不同，#define是单纯的替换，替换发生在预编译过程，此时可以把#define的每个参数看成一堆字母，#define只是将一堆字母用另一堆字母替换。至于字母的含义分析，在预编译过程之后。也就是说#define要做的只是傻傻地替换，至于词义的分析不在它的能力范围之内。

接下来，就对比一下typedef与#define。

```
#define dpChar char*
typedef char* tpChar;
dpChar p1, p2;
tpChar p3, p4;
```

这里貌似#define和typedef想干的是同一件事——用一个新的名字替换掉char*。先不管结果是否一致，先看看形式上有什么不同。

```
#define dpChar char*
typedef char* tpChar;
```

首先，#define是没有分号的（因为如果有分号，分号也将成为替换的内容，但这明显不是我们想要的结果）。而typedef作为语句，必须是有分号的。

其次，它们的参数看上去是反过来的，如char*在#define里是作为第二个参数，而在typedef里是作为第一个参数。#define和typedef结构上的区别在使用时很容易导致混淆，记得有一次，笔者在头文件里定义了一个#define时就把顺序弄反了，导致编译报错，愣是好久都没发现问题。

那么如何解决这个容易混淆的地方呢？其实如果读者回想一下上一节的内容，这个问题就可以迎刃而解。当我们用 typedef 定义类型时，如果去掉 typedef，形式上其实是一个再正常不过的定义变量的语句。如 typedef char* tpChar 去掉 typedef 之后，就是 char* tpChar，所以此时 char* 当然在前面。然后只要记住顺序上 #define 和 typedef 相反就行了。

说完了形式的区别，再来看看结果是否一致。

```
dpChar p1, p2;
tpChar p3, p4;
```

dpChar 是 #define 定义的，按照替换原则，替换的结果为 char* p1, p2，再进行语法分析可知结果为 char* p1 和 char p2。此时 p1 是 char* 类型，p2 是 char 类型。

而 tpChar 是 typedef 给 char* 取的别名，此时定义出的 p3 和 p4 的类型都是 char*。所以想一次性定义多个指针变量，记得用 typedef。

4.6.3 typedef与struct

结构体在使用时都是先定义结构体类型，再用结构体类型去定义变量。

如 struct node {} 这样就定义了一个 node 的结构体类型。在申请 node 的变量时，必须带上 struct。

```
struct node n;
```

如果配合 typedef，有如下几种用法。

❶ 在利用结构体类型申请变量时就可以省略掉 struct 这个关键字。

```
typedef    struct node{} Node;   // 给 struct node{} 类型取别名
Node   n ;                       // 利用结构体类型申请变量
```

❷ 使用 typedef 一次定义两个类型，分别是结构体类型和结构体指针类型。

```
typedef    struct node{} Node, *pNode;
这句话可以拆分成两句理解 : typedef    类型          Node; 和 typedef类型 *   pNode;
```

其中 Node 为结构体类型，pNode 是结构体指针类型。

4.6.4 typedef与const

❶ typedef int *PINT;

const PINT p2; 相当于是 int *const p2;

❷ typedef int *PINT;　PINT const p2; 相当于是 int *const p2;

❸ 如果确实想得到 const int *p 这种效果，只能写成 typedef const int *CPINT; CPINT p1;

4.6.5 使用typedef的重要意义

使用 typedef 的原因主要有两个。

❶ 简化类型，让程序更易理解和书写。

❷ 创造平台无关类型，便于移植。

至于简化模型这点，从本节中的第 3 个例子就可以体会到了。这里再举个例子来体会下。

不采用 typedef 的情况如下所示。

```
void (*a[10]) (void (*)());
```

采用 typedef 的情况如下所示。

```
typedef void (*pFun)(void(*)());
pFun a[10];
```

这里重点说说 typedef 的第二个重要意义——创造平台无关类型。比如利用 typedef 定义一个浮点类型，名字就叫 myMax，myMax 必须始终代表该平台的最高精度的浮点类型。

如果程序移植到支持 long double 的平台上，就给 long double 取别名为 myMax；如果程序移植到最多支持 float 精度的平台上，就给 float 取别名为 myMax。

如果仅仅采用系统提供的原生类型，而不采用 typedef 取别名的方式，当程序移植时，可能面临大量的程序修改工作。

比如，之前用到了 long double 这个类型，当移植到另一个平台时，这个平台只支持 float 类型而不支持 long double 这个类型。那么你不得不将全部的 long double 换成 float。而如果之前将 long double 取别名为 myMax，程序中用的类型都是 myMax，那么只需要把 typedef long double myMax 更换为 typedef float myMax 即可。

4.6.6 二重指针

- **二重指针的本质**

二重指针本质上也是指针变量，和普通指针的差别就是它指向的变量类型必须是个一重指针。二重指针其实也是一种数据类型，编译器在编译时会根据二重指针的数据类型来做静态类型检查，一旦发现运算时数据类型不匹配，就会报错。

C 语言中如果没有二重指针行不行？其实是可以的。一重指针完全可以做二重指针做的事情，之所以要发明二重指针（函数指针、数组指针），就是为了让编译器了解程序员希望这个指针指向什么东西（定义指针时用数据类型来标记，如 int *p，就表示 p 要指向 int 型数据）。编译器知道指针类型之后，可以帮我们做静态类型检查。编译器的这种静态类型检查可以辅助程序员发现一些隐含性的编程错误，这是 C 语言给程序员提供的一种编译时的查错机制。

- **二重指针的用法**

❶ 二重指针存放一重指针的地址。

❷ 二重指针可以指向指针数组。

❸ 实践编程中二重指针用结构体类型比较少，大部分时候就是和指针数组结合起来使用。

❹ 实践编程中，有时在函数传参时为了通过函数内部改变外部的一个指针变量，会传递这个指针变量的地址（也就是二重指针）进去。

- **二重指针与数组指针**

二重指针、数组指针、结构体指针、一重指针、普通变量都是变量。所有的指针变量本质都是相同的，都是 4 个字节，用来指向别的东西。不同类型的指针变量只是可以指向的（编译器允许你指向的）变量类型不同。

二重指针就是：存放指针数组第一个元素地址的指针变量。

4.7 二维数组

4.7.1 二维数组的内存映像

一维数组在内存中连续分布，由多个内存单元组成；而二维数组在内存中也是连续分布，由多个内存单元组成。从内存角度来看，一维数组和二维数组没有本质差别。如二维数组 int a[2][5] 和一维数组 int b[10] 对应关系如下。

```
a[0][0]    a[0][1]    a[0][4]    a[1][0]    a[1][1]    a[1][4]
b[0]       b[1]       b[4]       b[5]       b[6]       b[9]
```

既然二维数组都可以用一维数组来表示，那二维数组存在的意义和价值在哪里？明确告诉大家：二维数组 a 和一维数组 b 在内存使用效率、访问效率上是几乎相同。使用二维数组而不用一维数组，是因为在某些情况下，二维数组更好理解、利于组织。我们使用二维数组，并不是必须的，而是一种简化编程的方式。一维数组的出现其实也不是必然的，也是为了简化编程。

4.7.2 识别第一维和第二维

二维数组必然是两个维度，假设数组为 a[2][5]，从左到右看：[2] 是第一个维度，表示 a 这个数组里有两个元素；[5] 是第二个维度，需要进入第一维度的内部观察，它的内部有 5 个 int 型的元素。

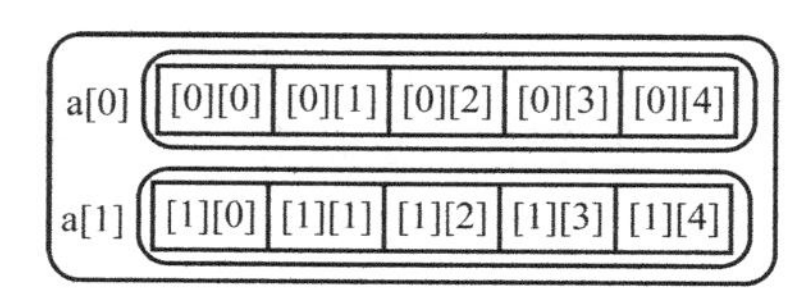

数组a[2][5]内部模型

后面小节的内容，请读者结合上图进行理解。

4.7.3 数组名代表数组首元素的地址

“数组名代表数组首元素的地址”这句话既适用于一维数组，又适用于二维数组。

对于一维数组 int a[5] 而言，数组名 a 就表示首元素 a[0] 的地址，即数组名 a 等价于 &a[0]。

对于二维数 a[2][5] 组而言。数组名 a 就表示首元素 a[0] 的地址，即数组名 a 等价于 &a[0]。

接着看 a[0]，此时的 a[0] 有两重身份：在二维数组的第一个维度里 a[0] 是数组的首元素；而在第二维度里，a[0] 本身就是个数组，该数组的首元素是 a[0][0]，所以此时 a[0] 也代表一个数组名（本段结论同样适合 a[1]）。

通过“数组名代表数组首元素的地址”可知，a[0] 等价于 &a[0][0]。而前面同时有 a 等价于 &a[0] 的结论，所以可以得到 a 等价于 &&a[0][0]。记住这个结论，对后面理解数组指针访问二维数组的方式大有助益。

4.7.4 指针访问二维数组的两种方式

- **普通指针指向二维数组的第一维**

还是拿数组 a[2][5] 举例，在第一维度里，该数组有两个元素，分别是 a[0] 和 a[1]，而 a[0] 和 a[1] 本身是个一维数组，a[0] 和 a[1] 就是数组的数组名，所以我们可以像访问普通的一维数组那样访问 a[0] 和 a[1]。

```
int* p1 = a[0];                          // 数组名代表数组首元素的地址
int* p2 = a[1];                          // 数组名代表数组首元素的地址
printf("a[0][0] = %d.\n", *p1);          // *p1 对应的是 a[0][0] 的值
printf("a[0][1] = %d.\n", *(p1+1));      // *(p1+1) 对应的是 a[0][1] 的值
printf("a[1][0] = %d.\n", *p2);          // *p2 对应的是 a[1][0] 的值
printf("a[1][1] = %d.\n", *(p2+1));      // *(p2+1) 对应的是 a[1][1] 的值
```

- **数组指针访问二维数组**

终于到了本章节的重点，前面的内容都是这节的铺垫。比如以 int a[3][3] 这样一个二位数组来说，通过前面的学习，我们已经知道，a[3][3] 可以被拆分为如下三个小一维数组。

```
a[0][0] a[0][1] a[0][2]
a[1][0] a[1][1] a[1][2]
a[2][0] a[2][1] a[2][2]
```

当 a 即是二维数组名称，但是同时 a 也表示二维数组的第一个小一维数组 (a[0][0] a[0][1] a[0][2]) 的整个数组的数组首地址，a 等价于 a[0]，那么疑问就来了，什么样的指针才能存放数组首地址呢？答案就是数组指针。

如二维数组 int a[2][5]，能指向该二维数组的数组指针类型为 int (*)[5]。需要注意的是，数组指针类型中的 5 不是乱填的，它的值必须和它指向的二维数组的第二维中的元素相等，如 char b[77][9]，那么此时需要的数组指针类型为 char (*)[9]。

了解数组指针的选型之后，就来讲解数组指针访问二维数组的过程，还以 int a[2][5] 为例。

int (*p)[5] = a，数组指针 p 指向二维数组 a[2][5]。

那么如何通过 p 来访问 a[2][5] 中的元素呢？

```
printf("a[0][0] = %d.\n",**p);              // **p 对应的是 a[0][0] 的值
printf("a[0][1] = %d.\n",*(*p+1));          // *(*p+1) 对应的是 a[0][1] 的值
printf("a[0][4] = %d.\n",*(*p+4));          // *(*p+1) 对应的是 a[0][4] 的值

printf("a[1][0] = %d.\n",**(p+1));          // **(p+1) 对应的是 a[1][0] 的值
printf("a[1][1] = %d.\n",*(*(p+1)+1)); // *(*(p+1)+1) 对应的是 a[1][1] 的值
printf("a[1][4] = %d.\n",*(*(p+1)+4)); // *(*(p+1)+4) 对应的是 a[1][4] 的值
```

很多人对“p 要进行两次解引用才能得到值”表示不理解，如果读者能想到前面提到的结论，可能会恍然大悟。前面结论提到，当 a 是二维数组的数组名时，a 等价于 &&a[0][0]。首先，a 和数组指针 p 是类型匹配的；其次“解引用（*）”和“取地址（&）”这个两个过程是逆过程。之前 a[0][0] 连续取两次地址才和 a 等价，那现在 p 连续两次解引用得到 a[0][0] 也是理所当然（**p 对应的是 a[0][0] 的值）。

4.7.5 总结

二维数组访问小结：

1. a[i][j] 等同于 *（*(p+i)+j）
2. p 不解引用，对 p 加减是在第一维罗偏移地址
3. p 解一次引用，对 *p 加减是在第二维里偏移地址
4. p 解二次引用，才能访问到值，如 *(*p)

课后题

1. C 语言中下列运算符的优先级按照由低到高的次序，正确的是____。（软考题）

A. (1)!	(2)+	(3)<	(4)&	(5)&&
B. (1)&&	(3)+	(3)<	(4)&	(5)!
C. (1)!	(2)&&	(3)&	(4)<	(5)+

D. (1)&& (2)& (3)< (4)+ (5)!

2. 分析如下代码，并填空。

```
void fun(int m, ❶______)
{
        int i = 0;
        ___❷___;

        for(i=0; i<m; i++)
        {
                printf("%s\n", *(buf+i));
        }
}

int main(void)
{
        char *buf[] = {"aa", "bb", "cc", "dd", "ee", "ff"};

        fun(sizeof(buf)/4, &buf);
        return 0;
}
```

3. 分析如下代码，并填空。

```
#include <stdio.h>
#include <stdlib.h>
void fun1()
{
        printf("函数1\n");
}
void fun2(char *str)
{
        printf("函数2: %s\n", str);
}
int main(void)
{
        ❶________= {fun1, fun2};

        buf[0]();
        ❷________;        // 希望传递一个"hello"字符串

        return 0;
}
```

4. 分析如下代码，并填空。

```
#include <stdio.h>
#include <stdlib.h>
void fun(❶_____, ❷_____, ❸_____)
{
        int i = 0, j = 0;
```

```
        for(i=0; i<m; i++) {
                for(j=0; j<n; j++) {
                        printf("%d\n", p[i][j]);
                }
        }
}
int main(void)
{
        int buf[2][3] = {{1, 2, 3}, {3, 4, 5}};
        fun(2, 3, buf);
        return 0;
}
```

5. 分析如下代码，并填空。

```
#include <stdio.h>
#include <stdlib.h>

❶__________;

struct Node {
        int num;
        pfun p;
};
void fun()
{
        printf("hello\n");
}
int main(void)
{
        struct Node node = {12, fun};

❷_________;

        return 0;
}
```

6. 请使用原始 int 类型，写出 ❶ 和 ❷ 处的等价形式。

```
#define myint1 int*
typedef int* myint2;
int main(void)
{
        myint1 p1, p2;❶
        myint2 p3, p4;❷
        return 0;
}
```

第 05 章

数组&字符串&结构体&共用体&枚举

5.1 引言

在前面的章节中，我们曾多次站在不同的角度讲解过数组，这一章我们还会对数组进行进一步探讨，同时我们还会讲解一种特殊的数组——字符串。不管是数组还是字符串，它们都不是什么新数据类型，只不过是使用已有类型实现的组合数据类型，除了数组、字符串以外，本章还会讲到结构体、联合体和枚举等其他的组合类型，本章会围绕这些内容进行深入讲解。

5.2 程序中的内存从哪里来

在第 1 章中，我们已经了解了内存对于程序来说非常重要，因为程序的代码和数据必须要存放在内存中才能够运行。在 C 语言中，所有的变量空间都必须从内存中开辟出来，所以内存对程序的重要性不言而喻。在本章中，我们准备重点讨论一些比较复杂的组合数据类型，比如数组、字符串、结构体、共用体、枚举类型等，看看它们都有哪些特性，它们是如何在内存中开辟空间的，以及这些组合数据类型的特点又是如何在内存中体现出来的。

不管由软件实现的内存管理有多么的复杂，我们可以肯定的一点是，程序需要的内存空间都是来自物理内存。但是在现代，在有操作系统的计算机上，为了实现内存的高效利用，操作系统对所有的物理内存进行了统一的内存管理，所以应用程序表现出来的都是虚拟内存。为了使得内存管理更加合理，操作系统提供了多种机制来管理内存。这些机制各有特点，程序根据实际情况来选择某种方式获取内存（向操作系统处登记这块内存的临时使用权限）、使用内存和释放内存（向操作系统归还这块内存的使用权）。

5.2.1 管理方式：栈（stack）、堆（heap）、数据区（.data）

在 C 语言程序中，存放数据所能使用的内存空间大概分为四种情况：栈（stack）、堆（heap）、数据区（.data 和 .bss 区）和常量区（.ro.data）。

5.2.2 栈内存特点详解

❶ 空间实现自动管理：运行时空间自动分配，运行结束空间自动回收。栈是自动管理的，程序员不需要手工干预，方便简单，因此栈又被称为自动管理区。

❷ 能够被反复使用：栈内存在程序中用的都是一块内存空间，程序通过自动开辟和自动释放，会反复使用这一块空间。

❸ 脏内存：栈内存由于反复使用，每次使用后程序不会去清空内容，因此当下一次该空间再次被分配时，上一次使用的值会还在。

❹ 临时性：函数不能返回栈变量的指针，因为这个空间在函数运行结束之后就会被释放。

上面两个函数的运行结果 Segmentation fault（core dumped）证明栈溢出了。

5.3 堆

5.3.1 堆内存特点详解

❶ 灵活：堆是另一种管理形式的内存区域，堆内存的管理灵活。

❷ 内存量大：堆内存空间很大，进程可以按需手动申请，使用完手动释放。

❸ 程序手动申请和释放：手动意思是需要写代码去申请 malloc 和释放 free。

❹ 脏内存：堆内存也是反复使用的，而且使用者用完释放前不会清除，因此也是脏的。

❺ 临时性：堆内存在 malloc 后和 free 之前的这期间可以被访问。在 malloc 之前 free 之后不能访问，否则会有不可预料的后果。

```
#include<stdio.h>
#include<stdlib.h>

int main(void)
{
        /* 需要一个 1000 个 int 类型元素的数组
        * 第一步：申请和绑定 */

        int *p = (int *)malloc(1000 * sizeof(int));
        if (NULL == p)        // 第二步：检验申请是否成功
        {
```

```
        printf(malloc error.\n);
        return -1;
    }
    // 第三步：使用申请到的内存
    *(p+0) = 1;
    *(p+1) = 2;

    // 第四步：释放
    free(p);

    return 0;
}
```

在本例中，如果最后没有将分配的堆内存空间释放的话，这块内存空间会被一直占用，只有当整个程序终止后才会释放。所以对于堆内存来说，使用完后及时使用 free 释放空间就显得非常重要，否则就会导致内存泄露。所谓内存泄露，就是内存空间都还在，但是这些空间在被之前的程序使用后，尽管后续不再使用了，但是它却一直占用着，导致这些内存名存实亡，这就是内存泄露。

5.3.2 使用堆内存注意事项

- **malloc返回的是void *类型的指针**

使用 malloc 进行分配空间时，返回的实际上是一个 void * 类型的指针（地址）。该地址是本次申请的内存空间的首字节地址。那么为什么要使用 void * 作为返回指针的类型呢？主要原因是，在使用 malloc 分配内存时，并不知道这段空间具体是用来存放什么类型数据的。类型是在后续使用这些空间存放具体类型的数据时决定的，所以 void* 类型表示类型不确定，或者也可认为是该地址指向的空间可以存放任何类型的数据，由具体存放的数据类型决定。

- **什么是void类型**

早期被翻译成空类型（无类型），但是 void 类型不表示没有类型，而表示万能类型，在需要时再具体指定。void * 表示的就是一个无类型指针，对于 32 位系统来说，指针本都是 4 个字节。

- **malloc的返回值**

空间申请成功后返回空间首字节地址，申请失败则返回 NULL，所以 malloc 获取的内存指针使用前一定要先检验是否为 NULL。

- **手动释放**

malloc 申请的堆空间用完后需要 free 手动释放。释放后堆管理器就可以把这段内存再次分配给别的使用者。

在调用 free 归还 p 所指向的堆内存之前，指向这段内存的指针 p 的指向需要发生改变指向了其他的地方的话，必须通过一个中间指针变量先记住 p 指向的堆空间，之后 free 时才能通过这个中间指针变量释放之前 p 所指向的堆空间，否则就会造成之前 p 所指向的堆空间无法释放，导致内存泄漏的发生。

5.3.3 malloc的一些细节表现

- **malloc(0)**

malloc 申请 0 字节空间是一件无意义的事情。如果真的这么操作的话，那么 malloc(0) 返回的到底是 NULL 还是一个有效指针？这个答案是不确定的，因为 C 语言并没有明确规定 malloc(0) 时的表现，由各 malloc 函数库的实现者来定义。

- **malloc(4)**

GCC 中的 malloc 默认最小是以 16B 为单位进行空间分配的。如果指定空间小于 16B 大小，会按照 16 字节进行空间分配。

5.4 内存中的各个段

5.4.1 代码段、数据段、bss段

编译器在编译程序的时候，程序会按照一定的结构被划分为各个不同的段进行组织，这些段有 .text、.bss、.data 等。

❶ 代码段（.text）：代码段存放的是程序的代码部分，程序中的各种函数的指令就存放在该段。

❷ 数据段：也被称为数据区、静态数据区、静态区，程序中的静态变量空间就开辟于此，需要注意的是，全局变量是整个程序的公共财产，而局部变量只是函数的私有财产。

❸.bss 段：又叫 ZI(Zero Initial) 段，所有未初始化的静态变量的空间就开辟于此，这个段会自动将这些未初始化静态空间初始化为 0。

注意： 数据段（.data）和 .bss 段实际上没有本质的区别，都是用来存放程序中的静态变量，只是 .data 中存放的是显式初始化为非 0 的静态数据，而 .bss 中则存放那些显示初始化为 0 或未显式初始化的静态数据。

5.4.2 特殊数据会被放到代码段

C 语言中使用 char *p = "linux" 定义字符串时，字符串 "linux" 实际被分配在代码段，也就是

说这个 "linux" 字符串实际上是一个常量字符串，而不是变量字符串。

```
int main(void)
{
    char *p = "linux";
    *(p + 0) = 'f';              // 因为是常量字符串，所以程序运行会报段错误

    printf("p = %s.\n", p);
    return 0;
}
```

在 C 语言中常常会使用 const 关键字来定义常量，常量就是不能被修改的量。const 的实现方法至少有两种：第一种在编译时会将 const 修饰的变量放在代码段中，以达到不能修改的目的，因为代码段是只读的，在单片机开发中，实际上此种情况比较常见；第二种就是让编译器来帮忙实现，如果编译器在编译时检查到变量被 const 修饰，当发现程序试图去修改该变量时，就会报编译错误。本质上，const 型的常量还是和普通变量一样，都被放在了数据段（GCC 中就是这样实现的）。

5.4.3 未初始化或显式初始化为0的全局变量放在bss段

bss 段和 .data 段并没有本质区别，实际上我们并不需要非常明确的去区分这二者的区别。

5.4.4 内存管理方式的总结

栈、堆和静态这三种内存管理方式都可以为程序提供内存空间。栈空间用于开辟局部变量空间，实现的是自动内存管理；对于堆内存来说，程序中需要使用 malloc 进行手动申请，使用完后必须使用 free 进行释放，实现的是手动内存管理；静态数据区的数据段，专门用于开辟全局变量和静态变量，不需要我们参与管理。

当我们需要存储数据时，我们究竟应该把这个数据存储在哪里呢？或者说我要定义一个变量，我究竟应该定义为局部变量、全局变量，还是用 malloc 手动开辟空间呢？总结如下：

❶ 如果只是在函数内部临时使用，作用范围希望被局限在函数内部，那就定义局部变量。

❷ 堆内存和数据段几乎拥有完全相同的属性，大部分时候是可以相互替换的。但是它们的生命周期不同，堆内存的生命周期是从 malloc 开始到 free 结束，而静态变量从程序一开始执行就被开辟，直到整个程序结束才收回，伴随程序运行一直存在。

所以，如果变量只是在程序的一个阶段期间有用，非常适合使用堆内存空间；如果变量需要在程序运行的整个过程中一直存在的话，适合使用全局变量。

5.5 C语言的字符串类型

5.5.1 C语言使用指针来管理字符串

很多高级语言像Java、C# 等，都有独立的字符串类型，大多都是用 String 关键字来表示，用法和 int 等基本类型基本相同，使用 String s1 = "linux" 便可以定义一个字符串类型。但是由于在 C 语言中没有 String 类型，所以字符串类型是通过字符指针来间接实现的。

还是以 char *p = "linux" 为例，此时 p 就叫做字符串，但是 p 本质上就是一个指针变量，p 中存放了字符串的第一个字符的地址，这个地址也就是字符串的地址。

指针p	字符串的地址

5.5.2 C语言中字符串的本质：指向字符串的存放空间的指针

字符串就是一连串的字符，字符就是现实中用于表达文意的文字、特殊字符和数字等。C 语言中使用 ASCII 码对字符进行编码，编码后便可以用 char 型变量来表示一个字符，所以字符串就是由多个字符打包在一起共同组成的。它本质上与字符数组没有什么区别，只是使用了 '\0' 字符作为结尾符，反映在内存中字符串是由多个字节连续分布构成的，每个字符占用一个字节。

C 语言中字符串的使用有三个核心要点。

❶ 第一是用一个指针指向字符串头。

❷ 第二是固定尾部（字符串总是以 '\0' 来结尾）。

❸ 第三是组成字符串的各字符的地址彼此连续。

p	'l'	'i'	'n'	'u'	'x'	'\0'

'\0' 其实就是编码为 0 的 ASCII 字符。字符 0 和 ASCII 编码 0 是不同的，字符 0 有它自己的 ASCII 编码，所以必须要注意区分 '\0'、'0' 和 0。'\0' 的 ASCII 编码为 0；'0' 的 ASCII 编码为 48。

正如前面所说，字符串使用 '\0' 作为字符串的结尾标志。但是字符串的实际内容是不包含 '\0' 字符的。这种思路就叫"魔数"，所谓魔数就是选出来的一个特殊的数字，这个数字表示一个特殊的含义，你的正式内容中不能包含这个魔数。

5.5.3 指向字符串的指针变量空间和字符串存放的空间是分开的

对于 char *p = "linux" 来说，p 是一个字符指针变量，占 4 个字节。p 可以是全局变量，也可以是局部变量；而 "linux" 存储于代码段，占 6 个字节。实际上总共耗费了 10 个字节，其中

4 个字节用于存放字符串第一个字符的地址，5 个字节用于存放 linux 这五个字符，最后一个用于存放 '\0' 这个字符串结尾符。

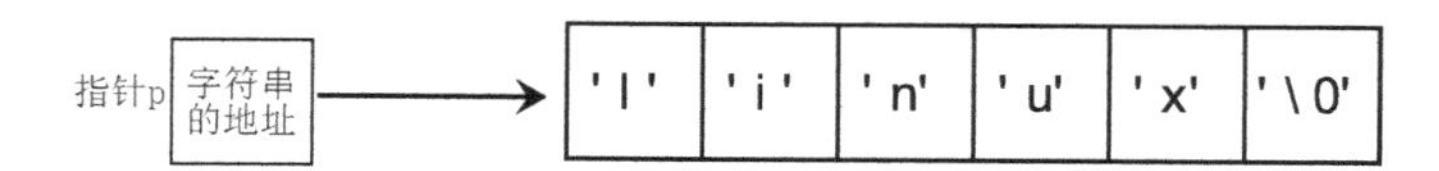

5.5.4 存储多个字符的两种方式——字符串和字符数组

当有多个连续字符（典型就是 linux 这个字符串）需要存储时，实际上有两种方式，第一种是字符串，第二种是字符数组，如下所示。

```
#include<stdio.h>
int main()
{
    char *p = "linux";      // 字符串
    char a[] = "linux";     // 字符数组
    return 0;
}
```

在本例中，需要注意的是，char *p = "linux" 使用的是前面描述的字符串的存储方式，p[0]='a' 是不被允许的，char a[] = "linux"，a[0]='a' 是可以的。根据前面所学的知识，想必大家已经理解了其中原由。

5.6 字符串和字符数组的细节

5.6.1 字符数组的初始化、sizeof以及strlen

sizeof 是 C 语言中的一个关键字，也是 C 语言中的一个运算符，sizeof 的使用方法为 sizeof(类型或变量名)，所以很多人误以为 sizeof 是函数，其实不是的，sizeof 运算符返回的是类型或者是变量所占用的字节数。为什么需要 sizeof？一是像 int、double 等原生类型占用字节数和平台有关，使用 sizeof 可以测试在不同平台下各类型所占用的字节数；二是 C 语言中除了 ADT 之外还有 UDT，这些用户自定义类型占用字节数无法一眼看出，所以也必须使用 sizeof 运算符帮助查看。

strlen 是一个 C 语言库函数，该库函数的原型为 size_t strlen(const char *s)，这个函数接收一个字符串的指针，返回值为字符串的长度（以字节为单位）。必须注意的是，strlen 返回的字符串长度不包含字符串结尾符 '\0'。我们为什么需要 strlen 库函数？因为从字符串的定义中无法直接知晓字符串的长度，特别是当字符串中包含的字符个数很多时，所以需要用 strlen 函数计算并返回字符串的实际长度。

```
int main()
{
    char *p = "linux";
    int len = strlen(p);
```

```
        printf("len = %d\n", len);        // len = 5
        return 0;
    }
```

sizeof(数组名) 得到的永远都是数组字节数，与有无初始化没有任何关系。strlen 用于计算字符串的长度，只有传递合法的字符串地址才有效，如果随便传递一个字符指针，但是这个字符指针指向的并不是一个字符串，是没有意义的，如下所示。

```
int main(void)
        {
        char a[] = "windows";   // a[0] = 'w'; a[1] = 'i'; ...... a[6] = 's'; a[7] = '\0';
        printf("sizeof(a) = %d.\n", sizeof(a));              // 8
        printf("strlen(a) = %d.\n", strlen(a));              // 7
        char a[5] = "windows";          // 字符串 "windows" 个数大于 5 所以编译器会
                                        // 将字符串里的字符 'w' 和 's' 去掉
        printf("sizeof(a) = %d.\n", sizeof(a));              // 5
        printf("strlen(a) = %d.\n", strlen(a));              // 5
    // char a[5] = {0};                 // a[0] = 0;
    // printf("sizeof(a) = %d.\n", sizeof(a));              // 5
    // printf("strlen(a) = %d.\n", strlen(a));              // 0

        return 0;
}
```

当我们在定义数组时如果没有明确给出数组大小的话，就需要在初始化式时给定，编译器会根据初始化时的字符个数去自动计算数组空间大小。

5.6.2 字符串的初始化与sizeof、strlen

对于 char *p = "linux" 来说，sizeof(p) 计算得到的是 4 个字节，因为这时候 sizeof 测试的是字符指针变量 p 本身的长度，和字符串的长度无关，而 strlen 则是用来计算字符串中字符个数的（不包含 '\0'），所以 strlen 的结果为 5。

5.6.3 字符数组与字符串的本质差异

字符数组 char a[] = "linux"; 定义了一个数组 a，数组 a 占 6 个字节，右值 "linux" 本身只存在于编译器中，编译器将用它来初始化字符数组 a 后就弃掉，这些字符串的字符就被存放于数组中，这句等价于 char a[] = {'l', 'i', 'n', 'u', 'x', '\0'}。

a	'l'	'i'	'n'	'u'	'x'	'\0'

字符串 char *p = "linux” 定义了一个字符指针 p，p 占 4 个字节，分配在栈上；同时还定义了一个字符串 "linux"，分配在代码段中，然后把代码段中的字符串的首地址（也就是 'l' 的地址）赋值给 p。

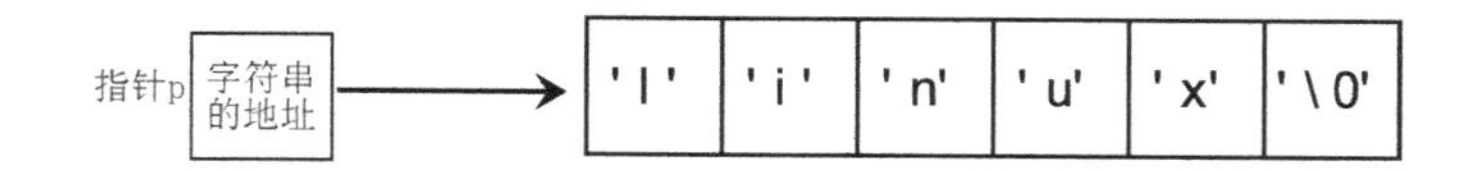

总结对比，字符数组自带内存空间，可以直接用来存放字符数据，而字符串只是一个字符指针变量，只占 4 个字节，而字符只能存到别的地方，然后把其首字节地址存在 p 中。

5.7 结构体概述

C 语言中的两种类型：原生类型和自定义类型。结构体类型是一种自定义类型。

5.7.1 结构体使用时先定义结构体类型，再用类型定义变量

定义结构体时需要先声明结构体的类型，然后再用结构体类型来定义结构体变量。不过也可以在定义结构体类型的同时定义结构体变量，如下所示。

```
#include<stdio.h>

// 定义类型
struct  people
{
    char name[20];
    int age;
};

// 定义类型的同时定义变量
struct  student
{
    char name[20];
    int age;
}s1;

// 将类型 struct student 重命名为 s1，s1 是一个类型名，不是变量
typedef  struct  student
{
    char name[20];
    int age;
}s1;
int main(void)
{
    struct people p1;                        // 使用结构体类型定义变量
    p1.age = 23;
    printf("p1.age = %d.\n", p1.age);       // p1.age = 23

    return 0;
}
```

5.7.2 从数组到结构体的进步之处

结构体可以认为是从数组发展而来的。其实数组和结构体都算是数据结构的范畴了，数组就是最简单的数据结构；结构体比数组更复杂一些；链表、哈希表之类的比结构体又复杂一些；而二叉树、图等又更复杂一些。

数组有两个明显的缺陷：第一个是定义时必须明确给出大小，且这个大小在以后不能再更改；第二个是数组要求所有的元素类型必须一致。在更加复杂的数据结构中，就致力于解决数组的这两个缺陷。结构体是用来解决数组的第二个缺陷的，可以将结构体理解为其中元素类型可以不相同的数组。结构体完全可以取代数组，只是在通常简单的情况下，数组使用起来更为简单方便。

5.7.3 结构体变量中的元素如何访问

数组元素的访问方式，表面上看有两种：下标方式和指针方式。但实质上都是指针方式。结构体变量中的元素访问方式只有一种，用句点 . 或者箭头 -> 的方式来访问。句点 . 和箭头 -> 访问结构体元素的实质是一样的，当使用指针的时候完全可以使用句点 . 访问，只是写法复杂，可行性不强，因此就使用箭头 -> 来代替，使得访问形式看起来更加简洁。

```
struct score
{
    int a;
    int b;
    int c;
};

struct myStruct
{
    int a;          // 4
    double b;       // 8
    char c;
};
int main(void)  {
    struct myStruct s1;
    s1.a = 12;      // int *p = (int *)&s1; *p = 12;
    s1.b = 4.4;     // double *p = (double *)((int)&s1 + 4); *p = 4.4;
    s1.c = 'a';     // char *p = (char *)((int)&s1 + 12); *p = 'a';

/*  int a[3];       // 3个学生的成绩，数组方式
    score s;        // 3个学生的成绩，结构体的方式

    s.a = 12;       // 编译器在内部还是转成指针式访问 int *p = s; *(p+0) = 12;
    s.b = 44;       // int *p = s; *(p+1) = 44;
    s.c = 64;       // int *p = s; *(p+2) = 44; */
}
```

结构体对于成员的访问本质上还是使用地址进行访问。

5.8 结构体的对齐访问

5.8.1 结构体对齐访问实例

```
#include<stdio.h>
struct s  {
    char c;
    int b;
};
int main(void) {
    printf("sizeof (struct s) = %d.\n", sizeof(struct s));     //   5 or 8，结果是 8
    struct s s1;
    s1.c = 't';
    s1.b = 12;

    char *p1 = (char *)(&s1);
    printf("*p1 = %c.\n", *p1);                               //  t
    int *p2 = (char *)((int)&s1 + 1);
    printf("*p2 = %d.\n", *p2);                               //  201852036

    int *p3 = (char *)((int)&s1 + 4);
    printf("*p3 = %d.\n", *p3);                               //    12
    return 0;
}
```

在上节中，我们讲过结构体中元素的访问，本质上使用的还是指针方式，结合这个元素在整个结构体中的偏移量和这个元素的类型来访问的。但是实际上结构体的元素的偏移量比我们上节讲得还要复杂，因为结构体要考虑元素的对齐访问，结构体实际占用的字节数与所有成员占用的字节数的总和不一定相等。

5.8.2 结构体为何要对齐访问

访问结构体元素时需要对齐访问，主要是为了配合硬件，也就是说硬件本身有物理上的限制，因此对齐排布和访问可以提高访问效率，如下所示。

```
struct s
{
       char c;
       int b;
};
```

对齐的内存结构如下图所示。

内存本身是一个物理器件（DDR 内存芯片，SoC 上的 DDR 控制器），本身有一定的局限性：如果内存每次访问时按照 4 个字节对齐访问，那么效率是最高的；如果不对齐访问，效率要低很多。

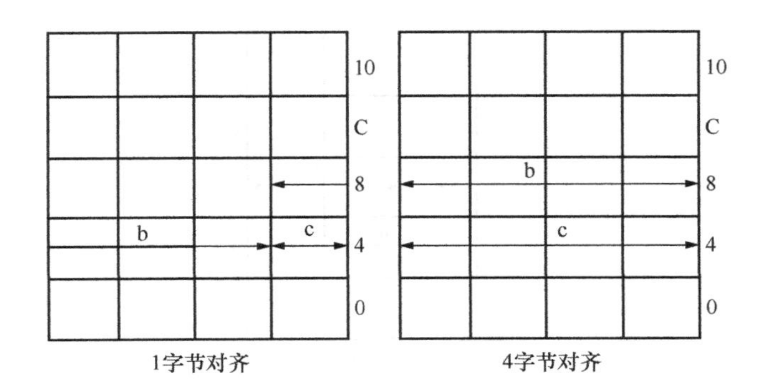

还有很多别的因素和原因，导致我们需要对齐访问。如 cache 的一些缓存特性，还有其他硬件（如 MMU、LCD 显示器）的一些内存依赖特性，所以会要求内存对齐访问。对比对齐访问和不对齐访问，虽然对齐访问牺牲了内存空间，但换取了速度性能，而非对齐访问则是牺牲了访问速度，换取了内存空间的利用率。

5.8.3 结构体对齐的规则和运算

- **结构体对齐实例分析**

编译器本身可以设置内存对齐的规则，以下规则需要记住。

32 位编译器，一般编译器默认对齐方式是 4 字节对齐。

```
#include<stdio.h>
struct mystruct1 {                    // 1 字节对齐          4 字节对齐
    int a;                            // 4                     4
    char b;                           // 1                     2
    short c;                          // 2                     2
};
int main(void){
    // 4 字节对齐时
    printf("sizeof (struct mystruct1) = %d.\n", sizeof (struct mystruct1));
    // sizeof (struct mystruct1) = 8
}
```

分析： 整个结构体变量 4 字节对齐是由编译器保证的，我们不用操心。第一个元素 a 的第一个字节的地址就是整个结构体的起始地址，所以自然是 4 字节对齐的。但是 a 的结束地址要由下一个元素说了算。然后是第二个元素 b，因为上一个元素 a 本身占 4 个字节，本身就是对齐的。所以留给 b 的开始地址也是 4 字节对齐地址，所以 b 可以直接放，b 放的位置就决定了 a 一共占 4 个字节，因为不需要填充。b 的起始地址定了后，结束地址不能定（因为可能需要填充），结束地址要由下一个元素来定。然后是第三个元素 c，short 类型需要 2 字节对齐，short 类型元素必须放在类似 0、2、4、8 这样的地址处，不能放在 1，3 这样的奇数地址处，因此 c 不能紧挨着 b 来存放，解决方案是在 b 之后添加 1 字节的填充（padding），然后再开始放 c。当整个结构体的所有元素都对齐存放后，还没结束，因为整个结构体大小还要是 4 的整数倍。

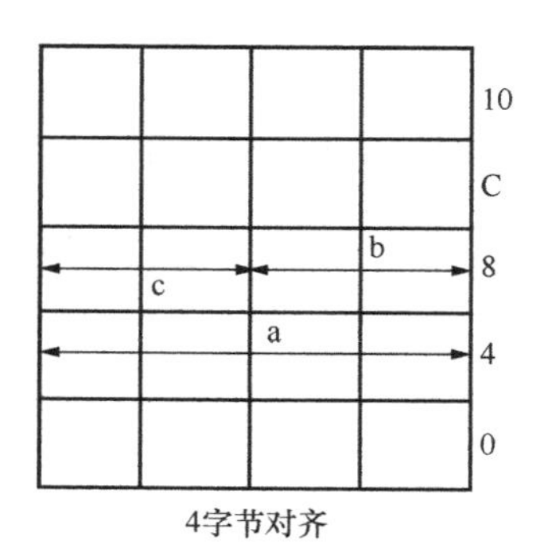

struct mystruct1内存映像

- **结构体对齐总结**

❶ 当编译器将结构体设置为 4 字节对齐时，结构体整体必须从 4 字节对齐处存放，结构体对齐后的大小必须为 4 的倍数。如果编译器设置为 8 字节对齐，则这里的 4 就是 8。

❷ 结构体中每个元素本身也必须对齐存放。

❸ 编译器在考虑以上两点情况下，实现以最少内存来开辟结构体空间。

5.8.4 手动对齐

如果编译器自动实现结构体对齐，我们就称之为自动对齐，与之相反，使用 #pragma 进行对齐的就是手动对齐。

#pragma 用于告诉编译器，程序员自己希望的对齐方式。比如，虽然编译器的默认对齐方式是 4，但是如果我们不希望按照 4 对齐，而是希望实现别的对齐方式，如希望 1 字节对齐，也可能希望是 8，甚至可能希望 128 字节对齐，这个时候就必须使用 #pragma 进行手动对齐了。

常用的设置手动对齐的命令有两种：第一种是 #pragma pack()，这种就是设置编译器 1 字节对齐，不过也可以认为是设置为不对齐或者取消对齐；第二种是 #pragma pack(4)，这个括号中的数字表示希望以多少字节进行对齐。

我们需要以 #prgama pack(n) 开头，以 #pragma pack() 结尾，定义一个区间，这个区间内的对齐参数就是 n。

```
#include <stdio.h>
#pragma pack(4)      // 4 字节对齐

struct mystruct1
      {
           int a;
           char b;
           short c;
      };
struct mystruct2
{
```

```
            char a;
            int b;
            short c;
};

typedef struct myStruct5
{
            int a;
            struct mystruct1 s1;
            double b;
            int c;
}MyS5;

struct stu
{
            char sex;
            int length;
            char name[10];
};
#pragma pack()
int main(void)
{
            printf("sizeof(struct mystruct1) = %d.\n", sizeof(struct mystruct1));
            printf("sizeof(struct mystruct2) = %d.\n", sizeof(struct mystruct2));
            printf("sizeof(struct mystruct5) = %d.\n", sizeof(MyS5));
            printf("sizeof(struct stu) = %d.\n", sizeof(struct stu));

        return 0;
}
```

分析：本例中 4 个结构体对齐结果如下：

❶ .struct mystruct1

1 字节对齐	2 字节对齐	4 字节对齐	8 字节对齐
4	4	4	4
1	2(1+1)	2(1+1)	2(1+1)
2	2	2	2

❷ . sizeof(struct mystruct2)

1 字节对齐	2 字节对齐	4 字节对齐	8 字节对齐
1	2(1+1)	4(1+3)	4(1+3)
4	4	4	4
2	2	4(2+2)	4(2+2)

❸ . MyS5(struct myStruct5)

1 字节对齐	2 字节对齐	4 字节对齐	8 字节对齐
4	4	4	4
7	8	8	8
8	8	8	8
4	4	4	4

❹ . struct stu

1 字节对齐	2 字节对齐	4 字节对齐	8 字节对齐
1 4	2(1+1) 4	4(1+3) 4	4(1+3) 4
10	10	12(10+2)	12(10+2)

对于 #prgma pack 手动对齐来说，在很多 C 语言环境下都是支持的，自然 GCC 也支持，如果不是有特殊需求的话，不建议使用。

5.8.5 GCC推荐的对齐指令：_attribute_((packed))和_attribute_((aligned(n)))

- **使用方法**

使用 _attribute_((packed)) 和 _attribute_((aligned(n))) 时，直接放在类型定义的后面，那么该类型就以指定的方式进行对齐。packed 的作用就是取消对齐，aligned(n) 表示对齐方式。

- **_attribute_((packed))使用实例**

```
#innclude <stdio.h>
struct mystruct11
{
    int a;
    char b;
    short c;
}_attribute_((packed));
struct mystruct21
{
    char a;
    int b;
    short c;
} _attribute_((packed));

int main(void)
{
    printf("sizeof(struct mystruct11) = %d.\n", sizeof(struct mystruct11));
    printf("sizeof(struct mystruct21) = %d.\n", sizeof(struct mystruct21));
    /*
    两个不同结构体 1 字节对齐的结果:
    struct mystruct11:                struct mystruct21:
    1 字节对齐                         1 字节对齐
    4                                 1
    1                                 4
    2                                 2
    */
    return 0;
}
#include<stdio.h>
```

```
typedef struct mystruct111
{
    int a;
    char b;
    short c;
    short d;
}_attribute_((aligned(1024))) My111;

/*struct mystruct111
{
    int a;
    char b;
    short c;
    short d;
}_attribute_((aligned(n)));
当 n(1、2、4) 小于或等于 4 时，结构体 struct mystruct111 的对齐字节：12(4、2、2、4);
当 n 大于 4 时，结构体 struct mystruct111 的对齐字节：n */
int main(void)
{
    printf("sizeof(struct mystruct111) = %d.\n", sizeof(My111));
    return 0;
}
```

- **_attribute_((aligned(n)))使用实例**

使用方法与 _attribute_((packed)) 相同。它的作用就是让结构体类在整体上按照 n 字节对齐。

5.9 offsetof宏与container_of宏

5.9.1 通过结构体指针访问各结构体成员的原理

通过结构体变量来访问其中各个元素，本质上是通过指针方式来访问的，形式上是句点“.”的方式来访问的（这时候其实是编译器帮我们自动计算了偏移量）。

5.9.2 offsetof宏

- **offsetof宏的作用**

计算结构体中某个元素相对结构体首字节地址的偏移量，其实质是通过编译器来帮我们计算。

```
#include<stdio.h>
#define offsetof(TYPE, MEMBER)      ((int) &((TYPE *)0)->MEMBER)

struct mystruct
{
      char a;
      int  b;
      short  c;
};
```

```
// TYPE 是结构体类型，MEMBER 是结构体中一个元素的元素名
// 这个宏返回的是 MEMBER 元素相对于整个结构体变量的首地址
// 的偏移量，类型是 int
int main(void)
{
        struct mystruct s1;
        s1.b = 12;

        int *p = (int *)((char *)&s1 + 4);
        printf("*p = %d\n", *p);  // 这种方法是自己根据结构体对齐计算得出的
}
```

- **offsetof宏的原理**

我们虚拟一个 TYPE 类型的结构体变量，然后用 TYPE. MEMBER 的方式来访问 MEMBER 元素，继而得到 MEMBER 相对于整个变量首地址的偏移量。

- **学习思路**

第一步先学会用 offsetof 宏，第二步再去理解这个宏的实现原理。(TYPE *)0 是一个强制类型转换，把 0 地址强制类型转换成一个指针，这个指针指向一个 TYPE 类型的结构体变量，实际上这个结构体变量可能不存在，但是只要不去解引用这个指针就不会出错。

对于 ((TYPE)0)->MEMBER 来说，(TYPE *)0 表示一个 TYPE 类型的结构体指针。通过指针来访问这个结构体变量的 MEMBER 元素，&((TYPE *)0)->MEMBER 等效于 &(((TYPE *)0)->MEMBER)−&(((TYPE *)0)，这样就得到了成员的偏移量。

5.9.3 container_of宏

```
// ptr 是指向结构体元素 member 的指针，type 是结构体类型，member 是结构体中一个
// 元素名
// 这个宏返回的就是指向这个结构体变量的指针，类型是 (type *)
#define container_of(ptr, type, member) ({                    \
    const typeof( ((type *)0)->member ) *__mptr = (ptr);      \
     (type *)( (char *)__mptr - offsetof(type,member) );})
```

❶ 作用：知道一个结构体变量中某个成员的指针，反推这个结构体变量的指针。有了 container_of 宏，我们可以从一个成员的指针得到整个结构体变量的指针，继而得到结构体中其他成员的指针。

❷ typeof 关键字的作用：通过 typeof(a) 由变量 a 得到 a 的类型，所以 typeof 的作用就是由变量名得到变量的数据类型。

❸ 这个宏的工作原理：先用 typeof 得到 member 成员的类型，将 member 成员的指针转成自己类型的指针，然后用这个指针减去该成员相对于整个结构体变量的偏移量（偏移量用 offsetof 宏得到），之后得到的就是整个结构体变量的首地址了，再把这个地址强制类型转换

为 type *即可。

5.9.4 学习指南和要求

❶ 最基本要求：必须要会用这两个宏。就是说能知道这两个宏接收什么参数，返回什么值，会用这两个宏来写代码。看见代码中别人用这两个宏能理解其意思。

❷ 升级要求：能理解这两个宏的工作原理，能表述出来（有些面试笔试题会这么要求）。

❸ 高级要求：能自己写出这两个宏（不要着急，慢慢来）。

5.10 共用体（union）

5.10.1 共用体的类型声明、变量定义和使用

- **共用体使用实例分析**

```
#include <stdio.h>

struct mystruct
{
    int  a;
    char  b;
};

// a 和 b 其实指向同一块内存空间，只是对这块内存空间的
// 两种不同的解析方式。如果我们使用 u1.a，那么就按照 int 类
// 型来解析这个内存空间；如果我们使用 u1.b，那
// 么就按照 char 类型来解析这块内存空间
union myunion
{
    int  a;
    char  b;
};

int main(void)
{
    struct mystruct s1;
    s1.a = 23;
    printf("s1.b = %d.\n", s1.b);// s1.b = 0      结论是 s1.a 和 s1.b 是
                                                  // 独立无关的

    union myunion u1;                    // 共用体变量的定义
    u1.a = 23;                           // 共用体元素的使用
    printf("u1.b = %d.\n", u1.b);  // u1.b = 23 结论是 u1.a 和 u1.b 是相关的
                                   // a 和 b 的地址一样，充分说明 a 和 b 指向同一块内存
                                   // 只是对这块内存的解析规则有所不同

    return 0;
}
```

struct mystruct s1 的内存映像分析：union myunion u1 内存映像，如下所示：

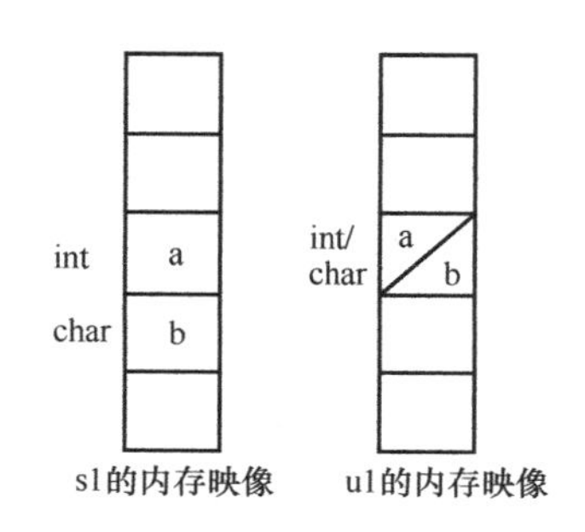

- **共用体总结**

❶ 共用体 union 和结构体 struct 在类型声明、变量定义和使用方法上很相似。

❷ 共用体和结构体的不同：结构体类似于一个包裹，其中的成员彼此是独立存在的，分布在内存的不同单元中，它们只是被打包成一个整体叫做结构体而已；共用体中的各个成员其实是一体的，彼此不独立，它们使用同一个内存单元。可以理解为：有时候是这个元素，有时候是那个元素。更准确的说法是，同一个内存空间有多种解释方式。

❸ 在有些书中把union翻译成联合（联合体），这个名字不好。现在翻译成共用体比较合适。

❹ union 的 sizeof 测到的大小实际是 union 中各个元素里面占用内存最大的那个元素的大小。

❺ union 中的元素不存在内存对齐的问题，因为 union 中实际只有一个内存空间，都是从同一个地址开始的，开始地址就是整个 union 占有的内存空间的首地址，所以不涉及内存对齐。

5.10.2 共用体和结构体的区别

相同点：就是操作语法几乎相同。

不同点：struct 是多个独立元素（内存空间）打包在一起；union 是一个元素（内存空间）的多种不同解析方式。

5.10.3 共用体的主要用途

（1）共用体就用在那种对同一个内存单元进行多种不同规则解析的情况下。

（2）C 语言中其实是可以没有共用体的，用指针和强制类型转换可以替代共用体完成同样的功能，但是共用体的方式更简单、更便捷、更好理解。

5.11 大小端模式

5.11.1 什么是大小端模式

大端模式（big endian）和小端模式（little endian），这两个词最早出现在小说中，原本和计算机没关系。计算机通信发展起来后，遇到一个问题就是：在串口等串行通信中，一次只能发送 1 个字节。这时候要发送一个 int 类型的数就遇到问题。int 类型有 4 个字节，是按照：byte0 byte1 byte2 byte3 这样的顺序发送，还是按照 byte3 byte2 byte1 byte0 这样的顺序发送？

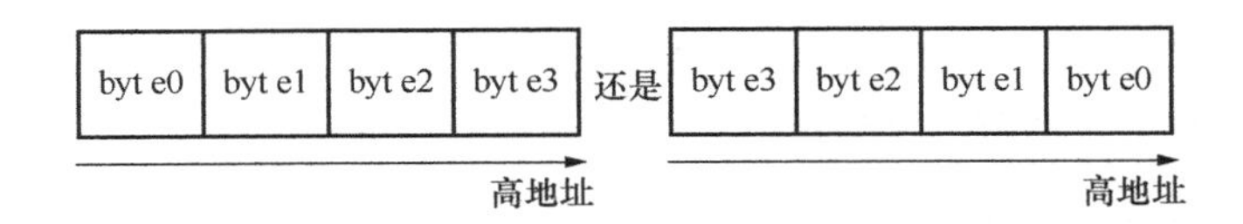

规则就是发送方和接收方必须按照同样的字节顺序来通信，否则就会出现错误。这就叫通信系统中的大小端模式。这是大小端这个词和计算机挂钩的最早问题。

现在我们讲的这个大小端模式，更多的是指计算机存储系统的大小端。在计算机内存 / 硬盘 /Nand 中，存储系统是 32 位的，但是数据仍然是按照字节为单位存放的。于是一个 32 位的二进制在内存中存储时有两种分布方式：高字节对应低地址（大端模式）、高字节对应高地址（小端模式）。

以大端模式存储，其内存布局如下图所示。

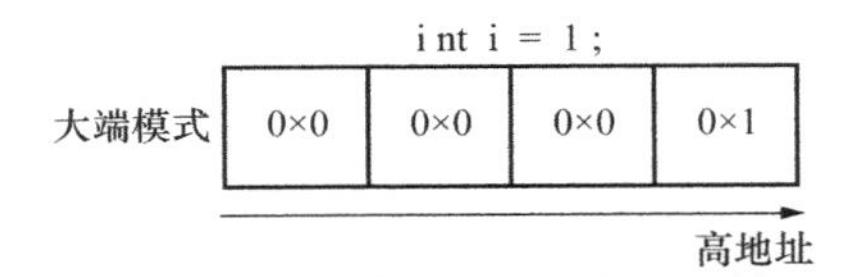

以小端模式存储，其内存布局如下图所示。

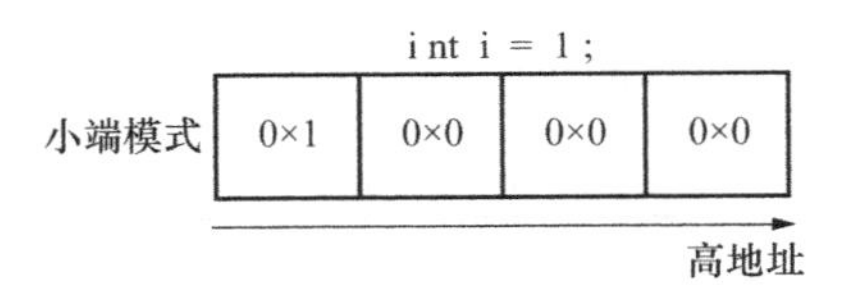

大端模式和小端模式本身没有对错，没有优劣，理论上按照大端或小端都可以，但是要求存储时和读取时必须按照同样的大小端模式来进行，否则会出错。

现实的情况就是，有些 CPU 公司用大端譬如 C51 单片机，有些 CPU 公司用小端譬如 ARM（大部分是用小端模式，大端模式的不算多）。于是我们写代码时，当不知道当前环境是用大端模式还是小端模式时，就需要用代码来检测当前系统的大小端。

一个经典的笔试题是：用 C 语言写一个函数来测试当前机器的大小端模式。

5.11.2 用union来测试机器的大小端模式

```
#include <stdio.h>

// 共用体中很重要的一点：a 和 b 都是从 u1 的低地址开始的
// 假设 u1 所在的 4 字节地址分别是：0、1、2、3 的话
// 那么 a 自然就是 0、1、2、3；b 所在的地址是 0 而不是 3
```

```
union mynuion
{
    int  a;
    char b;
};
// 如果是小端模式则返回 1，大端模式则返回 0
int is_little_endian(void)
{
    union myunion u1;
    u1.a = 1;
    return u1.b;
}
int main(void)
{
    int i = is_little_endian();
    if (1 == i)
    {
        printf(" 小端模式 \n");
    }
    else
    {
        printf(" 大端模式 \n");
    }
    return 0;
}
```

分析：u1.a = 1

❶ 如果是以小端模式存储，u1.a 的内存布局如下图所示。

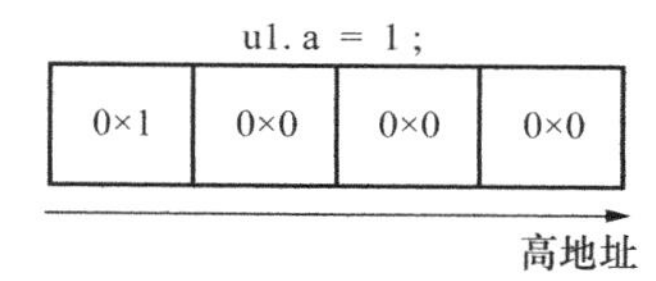

则 u1.b 等于 1。

❷ 如果是以大端模式存储，u1.a 的内存布局如下图所示。

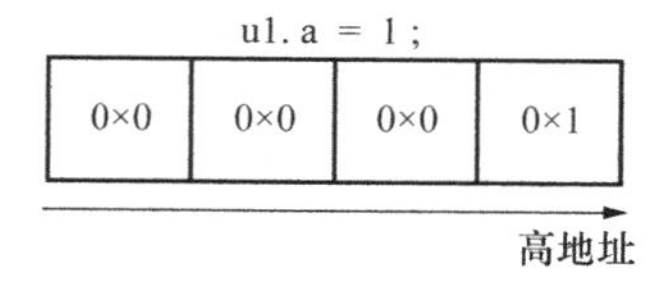

则 u1.b 等于 0。

5.11.3 用指针方式来测试机器的大小端

```
#include <stdio.h>

int is_little_endian2(void)
```

```
{
    int a = 1;
    char b = *((char *)(&a));          // 指针方式其实就是共用体的本质

    return b;
}
int main(void)
{
int i = is_little_endian2();
if (1 == i)
{
    printf(" 小端模式 \n");
}
else
{
    printf(" 大端模式 \n");
 }
 return 0;
}
```

分析：char b = *((char *)(&a))

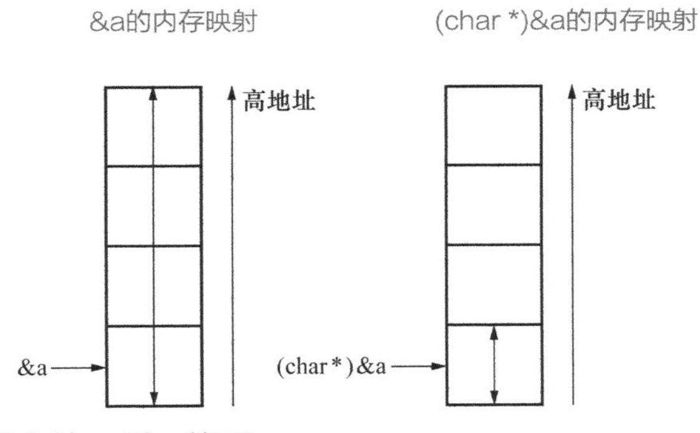

如果 a = 1 是以小端模式存储，则 b 等于 1。

如果 a = 1 是以大端模式存储，则 b 等于 0。

5.11.4 通信系统中的大小端（数组的大小端）

如要通过串口发送一个 0x12345678 给接收方，但是因为串口本身限制，只能以字节为单位来发送，所以需要发 4 次；接收方分 4 次接收，内容分别是 0x12、0x34、0x56 和 0x78。接收方接收到这四个字节之后需要去重组得到 0x12345678，而不是得到 0x78563412。

所以通信双方需要有一个默契，就是先发 / 先接的是高位还是低位？这就是通信中的大小端问题。一般来说，先发低字节叫小端；先发高字节就叫大端。实际操作中，在通信协议里面会去定义大小端，明确告诉你先发的是低字节还是高字节。

在通信协议中大小端是非常重要的，不管是使用别人定义的通信协议还是自己定义的通信协议，一定都要注意在通信协议中标明大小端的问题。

第05章

5.12 枚举enum

5.12.1 枚举的作用是什么

```
#include <stdio.h>
// 这个枚举用来表示函数返回值，ERROR 表示错，RIGHT 表示对
enum return_value
{
    ERROR,                  // 枚举值常量是全局的，直接自己就可以用
    RIGHT,
};
enum return_value func1(void);
int main(void)
{
    enum return_value r = func1();
    if (r == RIGHT)         // 不是 r.RIGHT，也不是 return_value.RIGHT
    {
        printf("函数执行正确\n");
    }
    else
    {
        printf("函数执行错误\n");
    }


    printf("ERROR = %d.\n", ERROR);       // ERROR = 0
    printf("RIGHT = %d.\n", RIGHT);       // RIGHT = 1 证明枚举
                                          // 中的枚举值是常量

    return 0;
}

enum return_value func1(void)
{
    enum return_value r1;
    r1 = ERROR;
    return r1;
}
```

枚举在 C 语言中其实是一些符号常量集。直白点说，枚举定义了一些符号，这些符号的本质就是 int 类型的常量，每个符号和一个常量绑定。这个符号就表示一个自定义的识别码，编译器对枚举的认知就是符号常量所绑定的那个 int 类型的数字。

枚举中的枚举值都是常量，怎么验证？

对于枚举符号常量来说，数字不重要，符号才重要。符号对应的数字只要彼此不相同即可，没有别的要求。所以一般情况下我们都不会明确指定这个符号所对应的数字，而是让编译器自动分配。编译器自动分配的原则是，从 0 开始依次增加，如果用户自己定义了一个值，则从定义的那个值开始往后依次增加。

5.12.2 C语言为何需要枚举

C 语言中没有枚举是可以的。使用枚举其实就是对 1、0 这些数字进行符号化编码，这样的好处就是编程时可以不用看数字而直接看符号。符号的意义是显而易见的，一眼就可以看出。而数字所代表的含义需要看文档或者注释。

宏定义的目的和意义是，不用数字而用符号，从这里可以看出，宏定义和枚举有内在联系。宏定义和枚举经常用来解决类似的问题，它们基本可以互换，但是有一些细微差别。

5.12.3 宏定义和枚举的区别

枚举是将多个有关联的符号封装在一个枚举中，而宏定义是完全分散的。什么情况下用枚举？当我们要定义的常量是一个有限集合时（如一个星期有 7 天，一个月有 31 天，一年有 12 个月等），最适合用枚举（其实宏定义也行，但是枚举更好）。不能用枚举的情况下（定义的常量符号之间无关联，或者是无限的）用宏定义。

宏定义最先出现，用来解决符号常量的问题，后来人们发现有时候定义的符号常量彼此之间有关联（多选一的关系），虽然可以用宏定义，但是不贴切，于是发明了枚举来解决这种情况。

5.12.4 枚举的定义形式

定义方法 1：分别定义类型和变量。

```
enum week
{
    SUN,            // SUN = 0
    MON,            // MON = 1
    TUE,
    WEN,
    THU,
    FRI,
    SAT,
};

enum week today;
```

定义方法 2：定义类型的同时定义变量。

```
enum week
{
    SUN,            // SUN = 0
    MON,            // MON = 1
    TUE,
    WEN,
    THU,
    FRI,
```

```
    SAT
}today,yesterday;
```

定义方法 3：定义类型的同时定义变量。

```
enum
{
    SUN,            // SUN = 0
    MON,            // MON = 1
    TUE,
    WEN,
    THU,
    FRI,
    SAT
}today,yesterday;
```

定义方法 4：用 typedef 定义枚举类型别名，并在后面使用别名进行变量定义。

```
typedef enum week
{
    SUN,            // SUN = 0
    MON,            // MON = 1
    TUE,
    WEN,
    THU,
    FRI,
    SAT
}week;
```

定义方法 5：用 typedef 定义枚举类型别名。

```
typedef enum
{
    SUN,            // SUN = 0
    MON,            // MON = 1
    TUE,
    WEN,
    THU,
    FRI,
    SAT
}week;
```

- **不能有重名的枚举类型**

即在一个文件中不能有两个或两个以上的 enum 被 typedef 成相同的别名。这很好理解，因为将两种不同类型重命名为相同的别名，这会让 gcc 在还原别名时遇到困惑。比如你的定义如下：

```
typedef int INT; typedef char INT;
```

那么 INT 到底被译为 int 还是 char 呢?

- **不能有重名的枚举成员**

两个 struct 类型内的成员是可以重名的，而两个 enum 类型中的成员却不可以重名。因为 struct 类型成员的访问方式为“变量名 . 成员”，而 enum 成员的访问方式为“成员名”，因此若两个 enum 类型中有重名的成员，那代码中访问这个成员时到底访问的是 enum 中的哪个成员呢?

但是两个 #define 宏定义是可以重名的，该宏名真正的值取决于最后一次定义的值。编译器会给出警告但不会出现 error。

课后题

1. 若二维数组 arr[1...M, 1...N] 的首地址为 base，数组元素按列存储且每个元素占用 K 个存储单元，则元素 arr[i, j] 在该数组空间的地址为________。（软考题）

   A. base+((i−1)*M+j−1)*K
   B. base+((i−1)*N+j−1)*K
   C. base+((j−1)*M+i−1)*K
   D. base+((j−1)*N+i−1)*K

2. 在某嵌入式系统中，采用 PowerPC 处理器，若定义了如下的数据类型变量 x，则 x 所占有的内存字节数是____。（软考题）

```
union data
{
        int i;
        char ch;
        double f;
} x;
```

   A. 8　　B. 13　　C. 16　　D. 24

3. 在某 32 位系统中，若生命变量 char *files[]={"f1", "f2", "f3", "f4"};，则 files 占用内存大小为____字节。（软考题）

   A. 4　　B. 8　　C. 12　　D. 16

4. 在 C 语言中，若函数调用的实时参数是数组名，则传递给对应形参的是____。（软考题）

   A. 数组空间的首地址　　B. 数组的第一个元素值
   C. 数组元素的个数　　D. 数组中所有的元素

5. 某嵌入式处理器工作在大端方式 (Big-endian) 下，其中 unsigned int 为 32 位，unsigned short 为 16 位，unisgned char 为 8 位，仔细阅读并分析下面的 C 语言代码，写出其三次打印输出的结果。(软考题)

```
#include"stdio.h"
#include"stdio.h"
void *MEM_ADDR;

void main(void)
{
      unsigned int *pint_addr = NULL;

      unsigned short *pshort_addr = NULL;
      unsigned char *pchar_addr = NULL;

      MEM_ADDR = (void *)malloc(sizeof(int));
      pint_addr = (unsigned int*) MEM_ADDR;
      pshort_addr = (unsigned short *) MEM_ADDR;
      pchar_addr = (unsigned char *)MEM_ADDR;

      *pint_addr = 0x12345678;
      printf("0x%x, 0x%x\n", *pshort_addr, *pchar_addr);
      /* 第一次输出 */

      pshort_addr++;
      *pshort_addr = 0x5555;
      printf("0x%x, 0x%x\n",  *pint_addr, *pchar_addr);
      /* 第二次输出 */

      pchar_addr++;
      *pshort_addr = 0xAA;
      printf("0x%x, 0x%x\n",  *pint_addr, *pshort_addr);
      /* 第三次输出 */
}
```

6. 请给出如下 a 的含义。

❶ int a

❷ int *a

❸ int **a

❹ int a[10]

❺ int *a[10]

❻ int (*a)[10]

❼ int (*a)(int)

❽ int (*a[10])(int)

7. 写一个程序，从键盘输入字符处，然后对字符串进行逆序操作。

8. 字符串转换为整数。

9. 将整数转换为字符串。

10. 不使用库函数，自己编写实现字符串操作函数，如strcpy、strlen、strcat、strcmp、strchr、memcpy 等函数。

11. 统计一行字符中有多少个单词（单词之间用空格或制表符隔开）。

第06章

C语言的预处理、函数和函数库

6.1 引言

本章内容分为三个部分：第一部分讲的是预处理，第二部分讲的是函数，第三部分讲库函数。

在第一部分中我们回顾了编译链接的四个过程，并且对其中预处理所做的工作进行了详细的讲解，涉及的内容有头文件的包含、常见注释风格、宏定义的使用以及各种预条件编译的作用。

在第二部分中，对函数也再次做了回顾，介绍函数的本质到底是什么、函数的书写有哪些规则、对于函数的使用又应该注意哪些方面的问题。

在第三部分中，我们讲解了特殊的函数之函数库，在这一部分中我们会介绍什么是库函数、它是怎么来的、什么是静态库、什么又是动态库，以及如何去制作一个静态库和动态库，它们的使用规则又是怎样的。

6.2 C语言为什么需要编译链接

6.2.1 编译链接的流程

编译流程图如下所示。

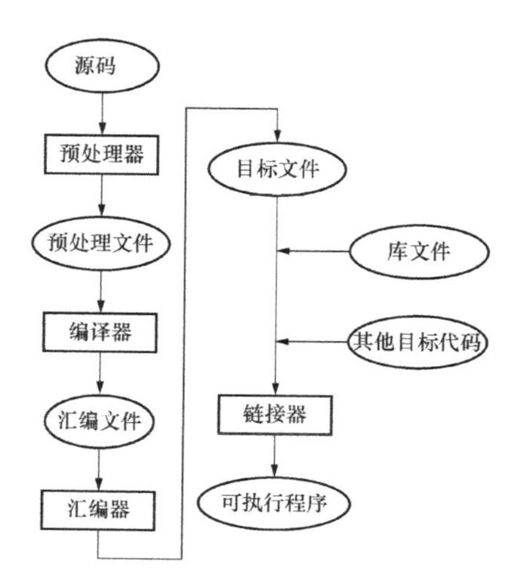

- **编译链接实例**

由源码到可执行程序的整个过程，以我们再熟悉不过的 hello.c 为例。

```
Hello.c
#include <stdio.h>

int main(int argc, char *argv[])
{
        printf("hello world.\n");
        return 0;
}
```

对于 C 语言程序，我们需要将它编译链接为可执行的二进制文件，然后由系统加载执行。在 Linux 系统中，GCC 编译程序会读取源代码 hello.c 文件，并且将其翻译成一个可执行文件 hello，整个过程共四个阶段，由编译工具链完成。在这里，我们来完整地看下对 hello.c 进行编译链接的四个过程。

第一个过程：预处理 (cpp)。在命令行下输入 gcc -E hello.c -o hello.i（gcc 预处理）的命令，预处理器会对以 # 开头的预处理命令进行处理。如 hello.c 中的 #include<stdio.h>，预处理器会将系统中的 hello.h 的具体内容读取到文本中，替换原有的 #include<stdio.h>，得到一个新的 C 程序，我们一般称之为 .i 文件，这里得到的 hello.i 文件格式如下。

```
Hello.i
...
...
extern void funlockfile (FILE *__stream) __attribute__ ((__nothrow__ , __leaf__));
# 943 "/usr/include/stdio.h" 3 4
# 2 "hello.c" 2
int main(int argc, char *argv[])
{
        printf("hello world.\n");
        return 0;
}
```

第二个过程：编译 (cc)。在命令行下输入 gcc -S hello.i -o hello.s（gcc 编译），当然也可以是 gcc -S hello.c -o hello.s，只是这种方式是由预处理器和编译器一起完成的，编译器将 hello.i 翻译成了 hello.s 汇编文件，汇编程序是一条条通用的机器语言指令。

```
hello.s

        .file   "hello.c"
        .section        .rodata
.LC0:
        .string "hello world."
        .text
        .globl  main
        .type   main, @function
        main:
```

```
.LFB0:
.cfi_startproc
 pushl    %ebp
.cfi_def_cfa_offset 8
.cfi_offset 5, -8
 movl     %esp, %ebp
.cfi_def_cfa_register 5
 andl     $-16, %esp
 subl     $16, %esp
 movl     $.LC0, (%esp)
 call     puts
 movl     $0, %eax
 leave
.cfi_restore 5
.cfi_def_cfa 4, 4
 ret
.cfi_endproc
.LFE0:
.size   main, .-main
...
```

第三个过程：汇编 (as)。在命令行下输入 gcc –c hello.s –o hello.o(gcc 汇编)，汇编器会将 hello.s 翻译成机器语言指令，将这些指令打包成为 ***.o 格式的可重定位文件，并将结果保存在目标文件 hello.o 中。目标文件是由不同的段组成，通常一个目标至少有两个段——数据段和代码段。hello.o 用文本文档打开后是无法看懂的，因为这是二进制文件。

第四个过程：链接 (ld)。在命令下输入 gcc hello.o –o hello.out(gcc 链接)，链接是最后一个过程，链接器会将 hello.o 和其他库文件、目标代码链接后形成可执行文件。在本程序中，hello.c 里调用了 printf 函数，链接器会将 printf.o 文件并入我们的 hello.out 可执行文件中。最后将可执行文件加载到存储器后，然后由系统执行。每一个阶段产生的文件都是不同的，可以在 Linux 命令行下查看这四个文件的结果，如下所示。

```
ls -l hello*
-rw-r--r-- 1 root root    97 Mar 8 01:31 hello.c
-rw-r--r-- 1 root root 17580 Mar 8 01:32 hello.i
-rw-r--r-- 1 root root   485 Mar 8 01:32 hello.s
-rw-r--r-- 1 root root  1024 Mar 8 01:32 hello.o
-rwxr-xr-x 1 root root  7292 Mar 8 01:33 hello.out
```

我们平时所说的编译器实质上指的是编译工具链。预处理用预处理器 (preprocessor)、汇编用汇编器、链接用链接器，这几个工具再加上其他一些额外会用到的工具，合起来叫编译工具链。GCC 就是一个编译工具链。

6.2.2 编译链接中各种文件扩展名的含义

在 Linux 系统中，分为可执行文件和不可执行文件，由源码到可执行程序的过程中，以扩展名 (即后缀) 来区分各个阶段。GCC 中一些常见的扩展名，我们需要注意扩展名的写法及其背后的含义，否则编译失败，例如后缀为 .s 和 .S 文件的区别。

GCC 中一些常见的扩展名

扩展名	含义	扩展名	含义
.c	C 语言源代码文件	.m	Objective-C 源代码文件
.a	由目标文件构成的静态库文件	.o	编译后的目标文件
.C	C++ 源代码文件	.out	链接器生成的可执行文件
.h	程序所包含的头文件	.s	汇编语言源代码文件，后期不再进行预处理操作
.i	预处理过的 C 源代码文件	.S	汇编语言源代码文件，后期还会进行预处理操作，可以包含预处理指令
.ii	预处理过的 C++ 源代码文件		

6.3 预处理详解

6.3.1 C语言预处理的意义

编译器本身的主要目的是编译源代码，将 C 语言的源代码转化成 .s 的汇编代码。编译器聚焦核心功能后，剥离出的一部分非核心功能由预处理器执行。预处理器可以轻松完成一些特殊任务，预处理器对程序源码进行一些预先处理，为后续编译打好基础后，再由编译器编译。预处理的意义就是使编译器实现功能变得更为专一。

6.3.2 预处理涉及的内容

❶ 文件包含

❷ 宏定义

❸ 条件编译

❹ 一些特殊的预处理关键字

预处理指令很多，例如 #include(文件包含)；#if #ifdef #ifndef #else #elif #endif（条件编译），#define 宏的实现。

❺ 去掉程序中的注释

6.3.3 使用GCC进行编译和链接的过程

编译链接四个步骤的命令回顾。

❶ 预处理的命令实现： gcc -E *.c -o *.i

❷ 编译命令实现： gcc -S *.c -o *.s

❸ 汇编的命令实现： gcc -c *.c -o *.o

❹ 链接的命令实现： gcc *.o -o *.out

- **预处理实例**

GCC 编译时，通过设置不同的编译参数，从而实现不同的编译功能，比如 gcc xx.c -o xx 表示编译链接生成可执行文件 xx，如果不通过 -o xx 指定名字的话，默认值用 a.out 作为名字。比如 gcc xx.c -c -o xx.o，表示值编译不链接，生成 xx.o 的目标文件。

gcc -E xx.c -o xx.i 表示只做预处理。在开发中，我们常用这样的方法来查看预处理命令处理的是否正确，用于帮助程序的调试。

```
通过执行
 gcc  -E  preprocess.c  -o  preprocess.i
 (只预处理不编译).
 preprocess.i

 typedef char * PCHAR;

 int main(int argc, char *argv[])
 {
     char *  p3, p4;
     char * p1, char * p2;

     return 0;
 }
```

源码文件（preprocess.c）

```
#define pchar char *
typedef char * PCHAR;

int main(int argc, char *argv[])
{
    pchar p3, p4;
    PCHAR p1,  p2;

    return 0;
}
```

从上例中看出，宏定义被预处理时有两个现象：第一，宏定义语句消失了，可见编译器根本就不认识 #define，编译器根本不知道还有个宏定义，因为预处理器已经处理完成；第二，typedef 重命名语言还在，说明它和宏定义是有本质区别的，typedef 是由编译器来处理而不是由预处理器处理的。

6.4 常见的预处理详解

6.4.1 文件包含

- **文件包含的意义**

头文件包含使用的是 #include 命令，本质上任何文件都可以包含，比如可以包含 .c 文件。但

是常见是用来包含 .h 头文件。

每个程序常常分为两部分组成，一个用于保存各种声明，一个用于保存程序的实现；用于保存程序各种声明的为头文件，头文件的作用在于声明和实现的分离，可以在头文件中方便地查阅需要调用的函数。头文件中可以定义很多宏定义，这样就可以只修改头文件的内容，而不用去繁琐的代码中去更改。既提高了效率，又提高了代码的可读性，另外，头文件最开始还可以放一些版权声明。所以头文件的出现是必然也是合乎情理的。

- **文件包含的命令详解：#include <> 和 #include" "的区别**

尖括号 <> 专门用来包含系统提供的头文件（由操作系统自带的，不是程序员自己写的）。双引号 " " 用来包含自己写的头文件。

尖括号 <> 表示，C 语言编译器只会到系统指定目录（编译器中配置的或者操作系统配置的目录中寻找，如在 ubuntu 中是 /usr/include 目录，编译器还允许用 -I 来附加指定其他的包含路径）去寻找这个头文件，隐含意思就是不会找当前目录下，如果找不到就会提示这个头文件不存在。

双引号 " " 包含的头文件，编译器默认会先在当前目录下寻找相应的头文件，如果没找到然后再到系统指定目录去寻找，如果仍未找到则提示文件不存在。

注意，规则虽然允许用双引号来包含系统指定目录，但是一般的使用原则是，如果是系统自带的用尖括号 <>，如果是自己写的，放在当前目录下，这时用双引号 “ ”。如果是自己写的，但是集中放在了一个专门存放头文件的目录下的话，建议在编译器中使用 -I 参数来寻找头文件，在这种情况下使用尖括号 <>。

头文件包含的真实含义就是，在 #include<xx.h> 的那一行，将 xx.h 这个头文件的内容展开，替换这一行的 #include 语句。注意这是原地展开，所以头文件包含一般都是放在程序文件的最前面部分。

- **头文件包含实例**

```
srcf_inclusion.c:
1   #include"srcf_inclusion.h"
2   int main(int argc, char* argv[])
3     {
4           printf("Joran\n");
5           return 0;
6     }

srcf_inclusion.h:
1     int a;
2
3
4     int b;
```

GCC 只预处理不编译，如下所示。

```
gcc -E srcf_inclusion.c -o srcf_inclusion.i
srcf_inclusion.i:
    1 # 1 "srcf_inclusion.c"
    2 # 1 "<built-in>"
    3 # 1 "<command-line>"
    4 # 1 "/usr/include/stdc-predef.h" 1 3 4
    5 # 1 "<command-line>" 2
    6 # 1 "srcf_inclusion.c"
    7 # 1 "srcf_inclusion.h" 1
    8 int a;
    9
   10
   11 int b;
   12 # 2 "srcf_inclusion.c" 2
   13 int main(int argc, char* argv[])
   14 {
   15  printf("Joran\n");
   16  return 0;
   17 }
```

srcf_inclusion.c 经过预处理后生成 srcf_inclusion.i 文件，这时候，原本 #inlcude"srcf_inclusion.h" 那一行被 src_inlcusion.h 的内容原封不动地替换。这个过程就在预处理中进行。

6.4.2 注释

- **注释的意义**

注释是为了增加代码的可读性，编译器不需要注释。C 语言一般有 /* */ 和 // 两种注释方式，/* */ 用于程序块注释，// 用于单行注释。有了注释就增加了代码的可读性，程序员可以快速地通过注释来了解代码的作用和功能。

- **常见的注释风格**

一般情况下，源程序的有效注释量必须在 15% 以上。常见的注释有模块描述、头文件开头的版权和版本的声明、函数的说明，另外还有一些重要的代码行的注释。

- **在工程中注释应该注意些什么**

注释的原则是有助于对程序的阅读理解，下面列举一些有关注释的注意点。

❶ 注释格式尽量统一，建议使用 /* */。Linux 内核中的注释几乎都使用 /* */。

❷ 注释应考虑程序易读及排版的优美，注释语言应尽量统一，如下所示。

```
/*
  * the gimp’ s c source format picture
  */
```

❸ 函数头部应该注释，也可以使用代码自注释。

❹ 建议边写代码边注释，更改代码的同时更改注释，保证注释与代码一致。

❺ 防止注释出现二义性，所以注释必须要简洁明了，而且尽量不要使用缩写。

❻ 在单行代码注释时，注释应放在代码的上方或者右方。

❼ 有些特殊内容晦涩难懂的，一定要进行注释，如一些具有特殊意义的数。

❽ 注释和代码同缩进，并且注释与上方代码之间要空出一行，如下所示。

```
#ifndef __BITMAP_H__
#define __BITMAP_H__

/*
   * defined blit formats
   */
enum bitmap_format
{
       ...
}
```

❾ 在程序的结束块右方加注释标记，特别是多重嵌套的代码块，这样注释有利于阅读。

❿ 如果代码本身很清晰易懂的话，就没有必要加注释，否则只会多此一举。

- **预处理时会如何对待注释**

可以通过只预处理、不编译的手段，查看经过预处理的文件。在预处理过程中，预处理器会移除所有注释用一个空格替换，所以到了编译器进行编译的阶段，程序中已经没有注释了。

6.4.3 宏定义

- **宏定义的意义**

宏定义简化了重复性的劳动，便于程序修改。我们常常会遇到需要修改一个特定的数字，然而这个数字在程序中很多地方都出现。如圆周率 π，在之前的程序中我们取的精度是 3.14，现在我们需要将精度改为 3.1415926，那么所有含有 3.14 的地方全部都要修改，太繁琐了，容易疏漏和出错。可以使用宏定义给字符串 3.14 定义一个标识符来代替，只需要修改标识符对应的字符串，就达到全部修改的目的。这样既增加了程序的可读性，另外也避免了重复劳动。一般将宏定义放在头文件中，便于查找和提高编程效率。但是同时要注意，标识符后的字符串在预处理中仅仅只是文本上的替换。这一点在之前的编译链接章节中已经介绍过了。

带参宏也可以减小函数调用的开销，能够简化复杂表达式。但是只是在文本上进行替换也会蒙蔽人们的双眼，下面内容详细地为大家解开迷雾。

- **宏定义的规则和使用解析**

❶ 宏定义在预处理阶段由预处理器进行替换，这个替换是原封不动的替换。

❷ 宏定义替换会递归进行，直到替换出来的值本身不再是一个宏为止。

❸ 一个完整的宏定义应该包含三个部分：第一部分是 #define，第二部分是宏名 ，剩下的所有为第三部分。

❹ 宏可以带参数，称为带参宏。带参宏的使用和带参函数非常像，但是使用上有一些差异。在定义带参宏时，每一个参数在宏体中引用时都必须加括号，最后整体再加括号，括号缺一不可。

- **无参数宏定义**

无参宏的宏名后不带参数，定义的一般形式如下所示。

```
#define      标识符   宏体
```

标识符为符号常量，宏体为常数、表达式、格式串等

带参数宏定义举例：SEC_PER_YEAR，用宏定义表示一年中有多少秒，如下所示。

```
#define SEC_PER_YEAR       (365*24*60*60UL)
```

365*24*60*60 这个常整数的默认类型为 int。 低位系统中（如 16 位系统），365*24*60*60 这个数会整数溢出，所以将其转为无符号长整型，在其后加上 ul(即 unsigned long)。虽然在高位操作系统中，这个数字不会超出 int 的范围，可以不加 ul，但是这样存在安全隐患。

- **带参数宏定义**

带参数宏定义举例：MAX 宏，求两个数中较大的一个。

```
#define MAX(a, b)  (((a)>(b)) ? (a) : (b))
```

本例的关键点如下所示。

第一点：要想到使用三目运算符来完成。

第二点：这些括号的使用是为了防止有关优先级的问题。若参数未加括号，很容易出错。

- **带参数宏定义需要注意括号的使用**

宏定义中关于括号有很多陷阱，所以宏定义一定要注意括号的使用，我们来看一个例子。

```
macro_test.c:
    1 #define X(a, b)  a+b
    2
    3 int main(void)
    4 {
    5         int x = 1; y = 2;
    6         int c = 3 * X(x, y);
    7         return 0;
    8 }
```

gcc –E macro_test.c –o macro_test.i 得到如下 macro_test.i 文件。

```
macro_test.i:
    1 # 1 "macro_test.c"
    2 # 1 "<built-in>"
    3 # 1 "<command-line>"
    4 # 1 "/usr/include/stdc-predef.h" 1 3 4
    5 # 1 "<command-line>" 2
    6 # 1 "macro_test.c"
    7
    8
    9 int main(void)
    10 {
    11  int x = 1; y = 2;
    12  int c = 3 * x+y;
    13  return 0;
    14 }
```

由于在定义 X(a, b) 时未给字符串加对应的括号，所以 3*（x+y）变成了不是我们想象的 3*x+y。所以宏定义应该写成 #define X(a, b) ((a) + (b))，保证万无一失。

设想如果宏定义 #define abs(x) ((x)>=0 ? (x) : -(x))，如果丢失了括号，#define abs(x) x>=0 ? x : -x 求 abs(a-b) 求值是什么样的结果？所以注意带参宏并不是函数，只是相似而已。

- **带参数宏定义与普通函数的区别（宏定义的缺陷）**

❶ 宏定义是在预处理期间处理的，而函数是在编译期间处理的。这个区别带来的实质差异是，宏定义最终是在调用宏的地方把宏体原地展开，而函数是在调用函数处跳转到函数中去执行，执行完后再跳转回来。

宏定义是原地展开，因此没有调用开销；而函数是跳转执行再返回，因此函数有比较大的调用开销。宏定义和函数相比，优势就是没有调用开销，没有传参开销，所以当函数体很短时（尤其是只有一句代码时），可以用宏定义来替代，这样效率较高。

❷ 带参宏和带参函数的一个重要差别就是：宏定义不会检查参数的类型，返回值也不会附带类型；而函数有明确的参数类型和返回值类型。当我们调用函数时，编译器会帮我们做参数的静态类型检查，如果编译器发现实际传参和参数声明不同时会报警告

或错误。

注意： 用函数的时候程序员不需要太操心形参和实参类型不匹配的问题，因为编译器会检查，如果不匹配编译器会报警告；用宏的时候，程序员必须注意：实际传参和宏所希望的参数类型必须一致，否则可能编译不报错但是运行有误。

	带参函数	宏	内联函数
优点	编译器会做参数的静态类型检查。	原地展开，没有调用开销；并且在预处理阶段完成，不占编译的时间。	函数代码被放入符号表中，在使用时进行替换（像宏一样展开），没有调用开销，效率很高，并且会进行参数类型检查
缺点	函数需要参数、返回地址等的压栈和出栈，栈变量的开辟和销毁；运行效率没有带参宏高。	不进行类型检查，多次宏替换会导致代码体积变大，而且由于宏本质上是原封不动地替换，可能会由于一些参数的副作用导致得出错误的结果。尤其是在宏体内对参数进行 ++ 和 -- 操作时。	如果函数的代码较长，使用内联将消耗过多内存；如果函数体内有循环，那么执行函数代码时间比较长。

通过上表我们发现，宏和函数各有千秋，各有优劣。总体来说，如果代码比较多，用函数合适而且不影响效率；而对于那些只有一两句代码的函数开销就太大了，适合用带参宏。但是用带参宏又有缺点，即不会检查参数类型。

- **宏定义和函数综合产物之内联函数和inline关键字**

❶ 内联函数通过在函数定义前加 inline 关键字实现，所以仅把 inline 放在函数声明处是不起作用的。

❷ 内联函数本质上是函数，所以有函数的优点。内联函数是编译器负责处理的，编译器可以帮我们做参数的静态类型检查；但是它同时也有带参宏的优点，没有调用开销，而是原地展开。

❸ 当我们的函数内的函数体很短（如只有一两句代码）的时候，我们又希望利用编译器的参数类型检查来排错，还希望没有调用开销时，最适合使用内联函数。

- **只有宏名没有宏体的宏**

比如 #define DEBUG，主要用于条件编译，用于实现跨平台。这些宏将在后续的条件编译中详解。

6.4.4 条件编译

- **为什么需要条件编译**

有时候我们希望程序有多种配置，我们在编写源代码时写好了各种配置的代码，然后给个配置开关，在源代码级别去修改配置开关来让程序编译出不同的效果。

- **常见的条件编译有哪些**

❶ #if #else #elif #endif

❷ #ifdef #endif

宏定义来实现条件编译（#define #undef #ifdef）

程序有 DEBUG 版本和 RELEASE 版本，区别就是编译时有无定义 DEBUG 宏。


```
例：macro.c
#include <stdio.h>

#define DEBUG
#ifdef DEBUG
#define debug(x)    printf(x)
#else
#define debug(x)
#endif
int main(void)
{
      debug( “this is a debug info. \n” );

      return 0;
}
```

在本例中，我们可以通过注释 #define DEBUG 或者在 #define DEBUG 后加 #undef DEBUG，通过这样的开关就可以配置 DEBUG 版本和 RELEASE 版本的程序。

- **#ifndef #define和#endif**

```
#ifndef __ASM_ARM_BITOPS_H                  // 如果不存在 asm-arm/bitops.h
#define __ASM_ARM_BITOPS_H                  // 就引入 asm-arm/bitops.h

...
头文件的内容
...
#endif /* _ARM_BITOPS_H */                  // 否则不引入 asm-arm/bitops.h
```

这是为了避免重复包含 bitops.h，因为当第一次包含这个头文件的时候，会定义出 __ASM_ARM_BITOPS_H 宏，后续再次包含该头文件时，因为已经有了该宏定义，文件 #ifndef __ASM_ARM_BITOPS_H 不会成立，所以头文件不会被再次包含。

- **#if defined、#ifdef和 #if !defined、#ifndef**

```
#if defined (x)
```

```
        ...code...
#endif
```

在这个 #if defined 中，不管括号里面的 x 的逻辑是真还是假它只管这个程序的前面的宏定义里面有没有定义“x”这个宏，如果定义了 x 这个宏，那么编译器会编译中间的…code…。否则直接忽视中间的…code…代码。#if defined 取反就是 #if !defined。

#ifdef x 与 #if defined(x) 用法相似，#ifndef x 和 #if !defined(x) 用法相似。

preprocess_test.c 如下所示：

```
#include<stdio.h>
#define NUM
int main(void)
{
        int a = 0;
        #ifdef NUM              // 如果前面有定义 NUM
                                // 这个符号，成立
        a = 111;
        printf("#ifdef NUM.\n");
        #else                   // 如果前面没有定义 NUM
                                // 这个符号，则执行下面的   // 语句
        a = 222;
        printf("#else.\n");
        #endif
        return 0;
}
```

gcc -E preprocess_test.c -o preprocess_test.i 预处理后，preprocess_test.i 文件如下所示：

```
int main(void)
{
        int a = 0;

        a = 111;
        printf("#ifdef NUM.\n");






        return 0;
}
```

在 preprocess_test.i 中，已经找不到头文件包含的指令了。可以从本例中看出，头文件包含是原地替换，所有注释被移除。用一个空格代替；条件编译的部分，也在这个过程中被移除，用一个空格代替。

- **#ifdef与 #if defined的区别**

#ifdef 与 #if defined 的区别在于 #if defined 可以组成复杂的预编译条件，如下所示。

```
#if defined(A) && defined(B)
<code>
#endif
```

表示只有 A 和 B 这两个宏定义都存在的时候才编译代码，而 #ifdef 只能判断单个宏定义，不能判断多个复杂条件。

6.5 函数的本质

6.5.1 C语言为什么会有函数

在复杂的程序中，整个程序被分成了多个源文件，一个文件分成多个函数，一个函数分成多个语句，这就是整个程序的组织形式。这样的组织形式带来的好处是，处理程序时可以分化问题，易于分工，这样就便于编写程序。

函数的出现是人（程序员和架构师）的需要，而不是机器（编译器、CPU）的需要。函数的目的就是实现模块化编程，既让代码的可读性好，又方便分工，利于程序的组织。

6.5.2 函数书写的一般原则

❶ 遵循一定格式：函数的返回类型、函数名、参数列表等。

❷ 一个函数只做一件事：函数不能太长，也不宜太短。

❸ 传参不宜过多：在 ARM 体系下，传参不宜超过 4 个；如果传参确实需要超过 4 个最好考虑结构体打包。

❹ 尽量少使用全局变量；函数最好用传参和返回值实现与外部交换数据，不要用全局变量。

6.5.3 函数是动词、变量是名词（面向对象语言中分别叫方法和成员变量）

函数将来被编译成可执行代码段，变量（主要指全局变量）经过编译后变成数据或者在运行时变成数据。一个程序的运行需要代码和数据结合才能完成。

代码和数据需要彼此配合，代码是为了加工数据，数据必须借助代码来发挥作用。以现实中的工厂来比喻，数据是原材料，代码是加工流水线。名词性的数据必须经过动词性的加工才能变成最终产出的数据，这个加工的过程就是程序的执行过程。

6.5.4 函数的实质是数据处理器

程序的主体是数据，也就是说程序运行的主要目标是生成目标数据，我们写代码也是为了目标数据。我们如何得到目标数据？必须两个因素：原材料 + 加工算法。原材料就是程序的输入数据，加工算法就是函数。

程序的编写和运行就是为了把原数据加工成目标数据，所以程序的实质就是一个数据处理器。

函数就是程序的一个缩影，函数的参数列表其实就是为了给函数输入原材料数据，函数的返回值和输出型参数就是为了向外部输出目标数据，函数体里的那些代码就是加工算法。

函数在静止没有执行（存在硬盘里）的时候就好像一台没有开动的机器，此时只占一些外部存储空间，但是并不占用 CPU 和内存资源。函数运行时需要耗费 CPU 和内存资源，运行时将待加工数据变成目标数据。函数运行完毕后会释放占用的资源。

整个程序的运行其实就是很多个函数相继运行的连续过程。

6.6 函数的基本使用

6.6.1 函数三要素：定义、声明、调用

函数的定义就是函数体，函数声明是函数原型，函数调用就是使用函数。

函数定义

函数定义

```
#include <stdio.h>
int add(int a, int b);              // 函数声明

int add(int a, int b)               // 函数名、参数列表、返回值
{
    return (a + b);                 // 函数体
}

int main(void)
{
    int a = 3, b = 5;
    int sum = add(a, b);                           // 典型的函数调用
    pirntf("3 + 5 = %d.\n", add(3, 5));            // add 函数的返回
//值作为 printf 函数的一个参数

    return (0);
}
```

函数定义是函数的根本，函数名表示的是这个函数在内存中的首地址，所以可以用函数名来调用执行这个函数（实质是指针解引用访问）；函数定义中的函数体是函数的执行关键，函数将来执行时主要就是执行函数体。所以如果一个函数没有定义的话，就是空中楼阁，是不可行的。

函数声明的主要作用是告诉编译器函数的原型。

6.6.2 函数原型和作用

函数原型就是函数的声明，说白了就是函数的函数名、返回值类型、参数列表。

函数原型的主要作用就是给编译器提供原型参考，让编译器在编译程序时帮我们进行参数的静态类型检查，如下所示。

如果声明为：

```
int add(int a, int b);
```

调用时：

```
int sum = add(&a, b, c);
```

编译时会报警告和错误，意思是传参的类型不符，参数过多。

必须明白的是编译器在编译程序时是以单个源文件为单位的，所以在哪个文件里面调用就要在哪个文件里面声明。一般情况下，函数的声明都会放在头文件中，如果包含头文件，在预处理时，头文件会全部展开，最重要的是编译器编译文件时是按照文件中语句的先后顺序进行的。

编译器从源文件的第一行开始编译，遇到函数声明时就会放入编译器的函数声明表中，然后继续向后。当遇到一个函数调用时，就在本文件的函数声明表中去查这个函数，看该原型有没有对应一个函数，而且这个对应的函数有且只能有一个。如果没有或者只有部分就会报错或报警告；如果发现多个也会报错或报警告（C 语言中不允许两个函数原型完全一样，这个检查的过程其实是在编译器遇到函数定义时进行的，所以函数可以重复声明但是不能重复定义。

6.7 递归函数

6.7.1 函数的调用机制

C 语言函数的调用在 x86 平台一般是用栈的方式来支持其操作的（也就是 Calling Convention）。栈是先进后出的数据结构，当函数发生调用的时候，函数以入栈的方式，将函数的返回地址、参数等进行压栈。C 语言在默认环境下的调用规范为，参数是从右向左依次压栈（如 printf 函数），这就是函数的调用机制。同时函数每调用一次，就会进行一次压栈，其所占的空间彼此独立，调用函数和被调用函数依靠传入参数和返回值彼此联系。

如一个 main() 函数调用函数 sub（int a，int b）的简单的内存图形如下所示。

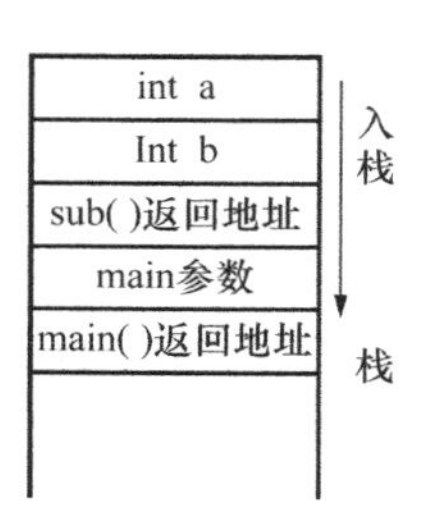

6.7.2 递归函数

- **什么是递归函数**

通过简单地了解函数的调用机制，在程序设计中经常会用递归函数解决问题，此方法易于理解。那么什么是递归函数呢？递归函数的本质就是函数直接或间接调用其函数本身。

直接调用函数本身示例：求 n 的阶乘，如下所示。

```
int factorial(int n) {
        if (n < 1)
        {
            return -1;
        }
        if (n == 1)
        {
            return 1;
        }
        else
        {
            return (n *  factorial(n-1));
        }
}
            factorial() 函数直接调用其本身。
```

间接调用指的是函数调用其他函数，其他函数又调用其本身函数，如下所示。

```
int  func_1(int x){
        return  func_2(x-1);
}
int  func_2(int x){
        return  func_1(x+1);
}
```

func_1() 函数中调用了 func_2() 函数，func_2() 函数又调用了 func_1()，这样的方式就是间接递归，此示例本身就是个错误，各位不要急，后面一一道来（没有注意收敛性）。

- **递归的调用的原理**

```
#include<stdio.h>
void recursion(int n)  {
```

```
        printf("递归前:n = %d.\n", n);
        if (n > 1) {
            recursion(n-1);
        } else {
            printf("结束递归, n = %d.\n", n);
        }
        printf("递归后:n = %d.\n", n);
}
int main(void)
{
    void recursion(3);
}
```

执行结果为:

递归前:n = 3

递归前:n = 2

递归前:n = 1

结束递归:n = 1

递归后:n = 1

递归后:n = 2

递归后:n = 3

函数的执行顺序，如图所示。

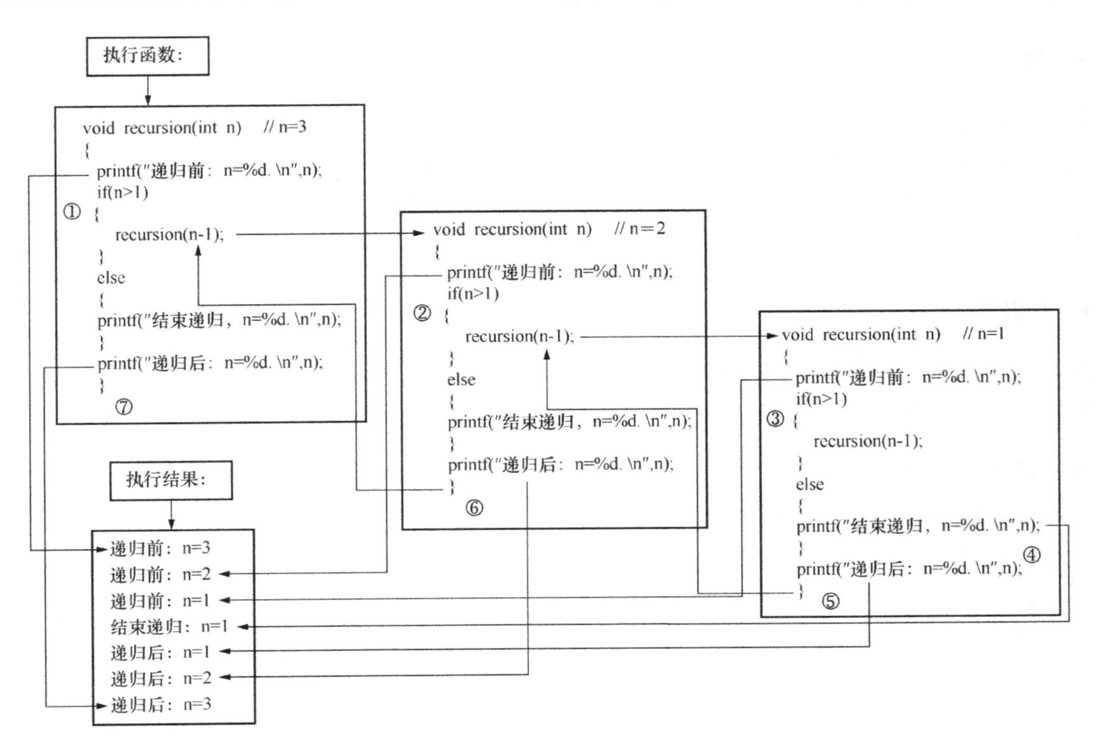

分析：当程序执行时，通过主函数执行到 void recursion(3) 时，以 n=3 进入 recursion 函数。第一次进入 recursion 函数时 n=3，执行图中编号为①的输出语句，“递归前：n = 3”判断满足 n>1 的条件，继续执行 if 条件下的语句“recursion(n-1)”。此时以 recursion(2) 第二次调用 recursion 函数。

第二次进入 recursion 函数 n=2，执行图中编号为②的输出语句，“递归前：n = 2”判断满足 n>1 的条件，继续执行 if 条件下的语句“recursion(n-1)”。此时以 recursion(1) 第三次调用 recursion 函数。

第三次进入 recursion 函数时，n=1，再一次执行图中编号为③输出语句，“递归前：n = 1”然后进行判断，由于不满足条件，执行 else，因此输出图中编号为④的输出语句，“结束递归，n = 1”，然后顺序执行函数，执行该函数的最后一句，图中编号为⑤输出语句“结束递归，n = 1”。然后该函数返回第二次调用。

第二次调用时，继续顺序执行，输出图中编号为⑥输出语句，输出“递归后：n = 2”，然后该函数返回第一次调用时。

第一次调用时，继续顺序执行，输出图中编号为⑦输出语句，输出“递归后：n = 1”，整个递归完成。

刚刚我们说过函数的调用就是用栈来做支持的，递归函数只是函数调用的一种方式，每调用一次就会进行一次压栈，消耗掉一定的栈内存空间。栈内存大小是一定的，因此也限制了递归深度。

6.7.3 使用递归的原则：收敛性、栈溢出

- **收敛性**

从字面意思理解，收敛性就是总会有个值来约束着，就是收敛。递归函数必须有一个终止递归的条件作为约束。当每次这个函数被执行时，判断此条件后，决定是否继续执行递归，这个执行约束条件必须能够被满足。如果没有递归终止条件，则这个递归没有收敛性，这个递归最终会失败。

- **栈溢出**

递归调用是占用栈内存的，每次递归调用都会消耗一定的栈空间。因此必须在栈内存耗尽之前结束递归，否则就会栈溢出，栈溢出后会导致整个程序崩溃。

进行递归函数设计时，一定要重点注意收敛性和栈溢出的问题，一般有两种不好的情况：第一种就是没有判断递归结束的约束值，递归会不停地执行下去，直到内存空间被用完并导致程序最终崩溃；第二种情况，虽然有判断递归结束的条件，但是没有考虑递归调用的次数呈指数次幂增长的情况，每一次调用都花费大量的时间。由于我们是做嵌入式系统的程序设计，必须考虑用户的体验感受，所以结束条件必须经过深度考究。

6.7.4 递归与循环的区别

递归清晰易于理解，程序员编写一个复杂问题时，比起循环来说，用递归的方式往往能够简单爽快地解决问题，而循环的方式比较考验个人水平。递归就是方便自己，难为机器。

这里我们举一个简单而又经典的小例子，求 n 的阶乘。

循环的实现方法

```
int func(int n)
{
    int result = 1;
    for(i = 1; i <= n; i++)
    {
        result = result * i;
    }
    return result;
}
```

递归的实现方法

```
int func(int n)
{
    if(n == 0)
        return 1;
    return  n * fun(n - 1);
}
```

从上面例子不难看出，实际上递归的代码更为简洁，但是递归与循环本质区别就是循环避免了函数的调用和传参和返回值的开销，递归比循环运行效率要低些。使用递归必须时刻考虑函数的收敛性和栈溢出的问题，原理上递归算法可以转换成循环实现，只是孰优孰劣需要权衡。

6.8 库函数

6.8.1 什么是函数库

函数库本身不是 C 语言的一部分，是一些事先写好的函数的集合，给别人复用。

函数是模块化的，因此可以被复用。我们写好了一个函数，可以被反复使用。也可以 A 写好了一个函数然后共享出来，当 B 有相同的需求时就不需自己写，直接用 A 写好的这个函数即可。

如我们常见的输入函数 scanf 和输出函数 printf，就是所谓的库函数，也就是标准输入输出库函数。在 stdio.h 的头文件中给出了相应的函数声明，我们不用去管具体如何实现的，只需要调用就好。

6.8.2 函数库的由来

最开始时没有函数库，每个人写程序都要从零开始自己写。时间长了，早期的程序员就积累了很多有用的函数。早期的程序员经常参加行业聚会，在聚会上大家互相交换各自的函数库，后来程序员中的一些人就提出把各自的函数收拢在一起，然后经过校准和整理，最后形成了一份标准化的函数库，就是现在的标准函数库，如 glibc。

6.8.3 函数库的提供形式：静态链接库与动态链接库

- **静态链接库**

早期的函数共享都是以源代码的形式进行的。这种方式共享是最彻底的，后来这种源码共享的方向就形成了现在的开源社区。但是这种方式有它的缺点，就是无法以商业化形式来发布函数库。

商业公司需要将自己的函数库共享给用户，从中获取利润，因此不能给用户源代码。这时候的解决方案就是以库（主要有两种：静态库和动态库）的形式来提供。

静态链接库是比较早出现的。静态库其实就是商业公司将自己的函数库源代码经过只编译不链接形成 .o 的目标文件，然后用 ar 工具将 .o 文件归档成 .a 的归档文件，这个 .a 的归档文件就叫静态链接库文件。商业公司通过发布 .a 库文件和 .h 头文件来提供静态库给用户使用。用户拿到 .a 和 .h 文件后，通过 .h 头文件得知库中的库函数原型，然后在自己的 .c 文件中直接调用这些库文件，在链接的时候链接器会去 .a 文件中找到对应的 .o 文件，链接后最终形成可执行程序。

- **动态链接库（共享库）**

动态链接库比静态链接库出现得晚一些，其效率更高。现在我们一般都是使用动态库。静态库在被链接形成可执行程序时，就已经把调用的库中的代码复制进了可执行程序中。这种方式的问题是太占空间。尤其是有多个应用程序都使用了这个库函数时，导致在多个应用程序生成的可执行程序中，都各自复制了一份该库函数的代码。当这些应用程序同时在内存中运行时，实际上在内存中同时存在多个该库函数的副本，这样很浪费内存。

动态链接库不是将库函数的代码直接复制进可执行程序中，只是做个链接标记。当应用程序在内存中执行，运行时环境发现它调用了一个动态库中的库函数时，会加载这个动态库到内存中，以后不管有多少个应用程序在同时使用该库函数，该库函数在内存中只有一份。

6.8.4 库函数的使用

库函数的使用需要注意以下四点。

❶ 包含相应的头文件。

❷ 调用库函数时注意函数原型（每个参数的意义、类型和返回值）。

❸ 有些库函数链接时需要使用 -lxxx 的方式指定链接具体的库。

❹ 如果是动态库，可能还需要使用 -L 指定动态库的存放目录。

hello.c 的例子如下所示。

```
include<stdio.h>
int main()
{
      printf("hello world\n");
```

```
        retrun 0;
    }
```

命令行下执行 gcc hello.c –o hello

```
ls -l                    // 默认以字节为单位显示
```

显示 :-rwxrwxr-x 1 linux linux   7159 Apr 3 19:54 hello //hello 是 7159 字节。

命令行下执行 gcc hello.c –static –o hello

```
ls -l    // 默认以字节为单位显示
```

显示 :-rwxrwxr-x 1 linux linux 742801 Apr 3 19:58 hello //hello 是 742801 字节

使用 –static 强制进行静态链接后，我们发现静态链接后的文件大小是之前的 100 倍，这是因为使用静态链接时，由于库被直接复制到了代码中，因此可执行文件大了很多。默认情况下 GCC 都是使用动态链接库的，因此生成的可执行文件小了很多，如下图所示。

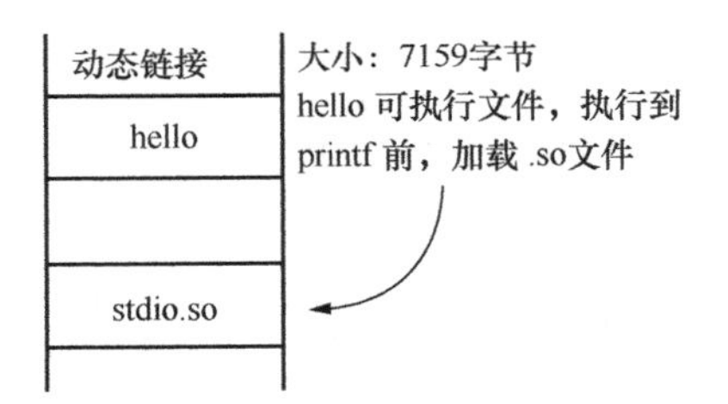

静态链接在链接时，链接器会到 .a 文件中找到被使用函数所在的 .o 文件，将其静态链接时直接复制库的内容，形成可执行文件。动态链接只是做个标记，然后当应用程序在内存中执行，运行时环境发现它调用了一个动态库中的库函数时，然后才会去加载这个动态库到内存中。

单一程序时，实际上它们所占用的内存大小是一样的，但当多个程序同时执行的时候，动态库的优势才显示出来。如两个 hello 可执行文件同时执行的时候，静态链接的库方式的 hello 可执行文件会占用两个 stido.a+ 两个 hello.o 内存空间。而动态链接库的方式只占用两个 hello.o+ 一个 stdio.so。

6.9 常见的库函数之字符串函数

6.9.1 什么是字符串

字符串就是由多个字符在内存中连续分布组成的字符结构。字符串的特点是指定了开头（字符串的指针）和结尾（结尾固定为字符 '\0'），而没有指定长度（长度由开头地址和结尾地址相减得到）。

6.9.2 字符串处理函数

函数库为什么要包含字符串处理函数？因为字符串处理的需求是客观的，所以很早之前人们就在写很多关于字符串处理的函数，然后逐渐形成了现在的字符串处理的函数库。面试时，常用字符串处理函数也是会被经常考到的要点。

6.9.3 man手册的引入

当程序员还是菜鸟的时候，经常会被一些简单问题所困扰，求助于高手，而高手常用简单的一句话给你打发了"man 手册看了吗？看完再说。"man 手册到底是何方神圣？为何受到如此多的高手的追捧？简单来说，man 手册就是个使用说明书。Linux 下的 man 很强大，通过 man 我们可以查到相应函数的使用说明（如库函数：可获得函数的头文件、函数原型及使用功能），该手册分成 9 个部分（section），使用 man 的时候可以指定不同的 section 来实现查找。

各个段的含义如下。

```
    1 Executable programs or shell commands                 // shell 下的普通命令，如 chmod
    2 System calls (functions provided by the kernel)       // 系统调用：API，如 open、read
    3 Library calls (functions within program libraries)    // 库函数调用，如 strcpy
    4 Special files (usually found in /dev)                 // 特殊文件：/dev 下的设备文件
    5 File formats and conventions eg /etc/passwd           // 文件格式和约定：/etc/passwd 等
                                                            // 文件的格式
    6 Games                                                 // 游戏预留，由游戏自己定义
    7 Miscellaneous (including macro packages and conventions), e.g. man(7), 
groff(7)// //杂项和约定：标准文件系统布局、手册页结构等杂项内容，比如向 environ 这
        //种全局变量在这里就有说明

    8 System administration commands (usually only for root) // 系统管理命令：这些命
                                                   // 令只能由 root 使用，如 ifconfig
    9 Kernel routines [Non standard]          // 内核例程：非标准手册小节，用于 Linux 内核开发
```

6.9.4 man手册的使用

在 Linux 的 shell 命令下通过输入（man+ 部分号（数字）+ 对应的命令或函数名）的方式就可以查到对应的手册说明，当我们不加数字时，man 手册按照它本身的 section 的顺序寻找。

示例：$ man chmod

查询结果：CHMOD(1)　　User Commands　　　CHMOD(1)

```
NAME
        chmod - change file mode bits

SYNOPSIS
        chmod [OPTION]... MODE[,MODE]... FILE...
        chmod [OPTION]... OCTAL-MODE FILE...
        chmod [OPTION]... --reference=RFILE FILE...

DESCRIPTION
.........
```

分析：CHMOD(1) 这里面的 1 就是 section 编号。

NAME 是这个命令的名字。

SYNOPSIS 是简要描述。

DESCRIPTIO 详细说明这个命令的用法。

注意：许多命令和函数的名字是重复的，所以当我们使用 man 的时候，最好加上手册的 section 号。

6.9.5 常用的字符串处理函数

C 语言库中字符串处理函数的各种声明包含在 string.h 中，这个文件存放在 ubuntu 系统的 /usr/include 中，常见字符串处理函数有 memcpy、memmove、memove、memset、memcmp、memchr、strcpy、strncpy、strcat、strncat、strcmp、strncmp、strdup、strndup、strchr、strstr、strtok 等。字符串处理函数所在的头文件、函数原型及功能，都可以通过 man 手册查阅到。

示例：$ man 3 memcpy

查询结果如下所示。

```
MEMCPY(3)

NAME
        memcpy - copy memory area

SYNOPSIS
        #include <string.h>
        void *memcpy(void *dest, const void *src, size_t n);

DESCRIPTION
        The memcpy() function copies n bytes from memory area src to memory area dest.
The memory areas must not overlap.  Use memmove(3) if the memory areas do overlap.

RETURN VALUE
        The memcpy() function returns a pointer to dest.

CONFORMING TO
        SVr4, 4.3BSD, C89, C99, POSIX.1-2001.

SEE ALSO
```

```
            bcopy(3), memccpy(3), memmove(3), mempcpy(3), strcpy(3), strncpy(3), wmemcpy(3)

    COLOPHON
            This page is part of release 3.35 of the Linux man-pages project.  A description
of the project, and information about reporting bugs, can
            be found at http://man7.org/linux/man-pages/.
```

分析：通过查看 man 手册我们可以清晰地了解到该函数应该如何使用，涉及函数的信息如下。

头文件：#include <string.h>

函数原型：void *memcpy(void *dest, const void *src, size_t n)

函数的功能：The memcpy() function copies n bytes from memory area src to memory area dest. The memory areas must not overlap. Use memmove(3) if the memory areas do overlap.

函数的返回值：The memcpy() function returns a pointer to dest

6.10 常见的库函数之数学库函数

6.10.1 数学库函数

为了完成各种数学计算，如三角函数、指数、对数和双曲线函数等，常常会用到数学库函数。

真正的数学运算函数的原型声明在 /usr/include/i386-linux-gnu/bits/mathcalls.h 中，不过实际使用数学库函数的时候，只需要包含 math.h 头文件即可。

6.10.2 计算开平方

通过 man 手册查阅我们得知以下信息。

头文件：#include <math.h>

函数原型：double sqrt(double x)

返回值：double 类型

实用示例如下所示。

```
#include <stdio.h>
#include <math.h>
int main(void)
{
        double a = 16.0;
        double b = sqrt(a);
        printf("b = %lf.\n", b);
```

```
    return 0;
}
```

注意： 区分编译时警告 / 错误和链接时的错误。

当我们把 #include<math.h> 注释掉时，GCC 不带参数编译时。

```
math.c:5:13: warning: incompatible implicit declaration of built-in function'sqrt'[enabled by default]double b = sqrt(a); 这个警告 / 错误告诉我们函数未声明。
```

当我们包含 #include<math.h> 头文件，GCC 不带参数编译时。

```
math.c:(.text+0x1b): undefined reference to `sqrt' collect2: error: ld returned 1 exit status 链接时错误。
```

为什么会出现这个链接错误呢?

sqrt 函数有声明（声明就在 math.h 中）、有引用（在 math.c），但是没有定义，链接器找不到函数体。sqrt 本来是库函数，在编译器库中是有 .a 和 .so 链接库的（函数体在链接库中的）。因为库函数有很多，链接器去库函数目录搜索的时间比较久，为了提高编译链接效率，有一个折中的方案：链接器只默认寻找几个最常用的库。如果使用的是一些不常用的库函数的话，需要程序员在链接时明确给出需要查找的库的名字。链接时可以用 -lxxx 来指示链接器去到 libxxx.so 中去查找这个函数。

6.10.3 链接时加-lm

GCC 时加 -lm 参数就是告诉链接器到 libm 中去查找用到的函数。使用 gcc math.c -lm 命令编译，此时编译则通过，并生成可执行文件。实战中发现在高版本的 GCC 中，经常会出现没加 -lm 也可以编译链接的，因为 GCC 自动寻找到了需要的库文件。

6.11 制作静态链接库并使用

- **制作静态链接库**

❶ demo.c 的代码如下所示。

```
#include <stdio.h>
void func1(void)
{
      printf("func1 in demo.c.\n");
}
int func2(int a, int b)
{
        printf("func2 in demo.c.\n");
        return a + b;
}
```

❷ 使用命令，如下所示。

```
gcc demo.c -o demo.o -c
ar -rc libdemo.a demo.o
```

使用 gcc -c 只编译不连接，生成 .o 文件。然后使用 ar 工具打包成 .a 归档文件。库名不能随便乱起，一般是 lib+ 库名称，后缀名是 .a 表示是一个归档文件。

③ 制作头文件 demo.h，只需声明函数即可，内容如下。

```
void func1(void);
int func2(int a, int b);
```

注意： 制作出静态库之后，发布时需要发布 .a 文件和 .h 文件。

- **使用静态链接库**

把 .a 和 .h 都放在需要引用的文件夹下，然后在编写 .c 文件中包含库的 .h，然后直接使用库函数。

示例：test.c

```
#include "demo.h"
#include <stdio.h>
int main(void)
{
        func1();

        int a = func2(4, 5);
        printf("a = %d.\n", a);

        return 0;
}
```

第一次编译时，编译方法：gcc test.c -o test

报 错 信 息：test.c:(.text+0xa): undefined reference to 'func1' Test.c:(.text+0x1e): undefined reference to 'func2'

分析： 因为这两个函数不在默认链接库里面，而我们自己又没有指定具体的链接库文件，所以找不到函数，得告诉链接器到底链接什么样的库文件。

第二次编译，编译方法：gcc test.c -o test -ldemo

报错信息：/usr/bin/ld: cannot find -ldemo

```
collect2: error: ld returned 1 exit status
```

分析： 当使用 -lxxx 时，链接器试图在默认的链接库路径去寻找 libxxx.a 文件，但是我们把

libdemo.a 放在了当前路径，并不在默认链接库的目录下，所以找不到。

第三次编译，编译方法：gcc test.c -o test -ldemo -L.

无报错，生成 test，执行正确。

分析：-L 是指定链接器在哪个目录下寻找的库文件，句点 . 表示当前目录。

除了 ar 命令外，还有个 nm 命令也很有用，它可以用来查看一个 .a 文件中都有哪些符号，如下所示。

```
#:nm libdemo.a
demo.o:
00000000 T func1
00000014 T func2
```

6.12 制作动态链接库并使用

Linux 下动态链接库的后缀名是 .so，Windows 系统中的动态链接库后缀名为 .dll。

下面同样以 demo.c 和 test.c 为例。

- **制作一个动态链接库**

```
gcc demo.c -o demo.o -c -fPIC
gcc -o libdemo.so demo.o -shared
```

-fPIC 是位置无关码，-shared 是按照共享库的方式来链接。

发布：发布动态链接库时，发布 libxxx.so 和 xxx.h 即可。

- **使用自己制作的共享库**

第一次编译链接法：gcc test.c -o test

报错信息：test.c:(.text+0xa): undefined reference to 'func1' test.c:(.text+0x1e): undefined reference to 'func2' collect2: error: ld returned 1 exit status

第二次编译连接：gcc test.c -o test -ldemo

报错信息：/usr/bin/ld: cannot find -ldemo collect2: error: ld returned 1 exit status

第三次编译链接：gcc test.c -o test -ldemo -L.

编译成功。

但是运行出错，报错信息如下所示。

第06章

```
    error while loading shared libraries: libdemo.so: cannot open shared object
file: No such file or  directory
```

错误原因：动态链接库运行时需要被加载（运行时环境在执行 test 程序的时候发现动态链接了 libdemo.so，于是会去固定目录尝试加载 libdemo.so，如果加载失败则会输出以上错误信息）。

解决方法一：将 libdemo.so 放到固定目录下就可以了，这个固定目录一般是 /usr/lib 目录。cp libdemo.so /usr/lib 即可

解决方法二：使用环境变量 LD_LIBRARY_PATH。操作系统在加载固定目录 /usr/lib 之前，会先去 LD_LIBRARY_PATH 这个环境变量所指定的目录去寻找，如果找到就不用去 /usr/lib 下面找了，如果没找到再去 /usr/lib 下面找。所以解决方案就是将 libdemo.so 所在的目录添加到环境变量 LD_LIBRARY_PATH 中即可。

比如 /mnt/hgfs/Winshare/object/sotest 目录就是动态库 lxxx.so 文件所在位置的话，执行 export LD_LIBRARY_PATH=$LD_LIBRARY_PATH:/mnt/hgfs/Winshare/object/sotest

- **ldd命令的作用**

可以在一个使用了共享库的程序执行之前，解析出这个程序使用了哪些共享库，并且查看这些共享库是否能被加载并被解析（决定这个程序是否能正确执行）。比如当我们没有将 lxxx.so 文件放入指定目录下时，这时如果使用 ldd 测试的话：

```
ldd test
Linux-gate.so.1 => (0xb7757000)
libdemo.so => not found          //找不到libdemo.so动态链接库
libc.so.6 => /lib/i386-linux-gun/libc.so.6(0xb7591000)
/lib/ld-linux.so.2 (0xb7758000)
```

由此我们可以直接查看出 libdemo.so 文件没有找到。

课后题

1. 执行下面的一段 C 程序后，变量 x 的值为____。（软考题）

```
int x = 200;
int a = 300;
#if 0
if(x>0) {
      x=x+a;
}
#endif
x += 1;
```

A. 1　　B. 201　　C. 500　　D. 501

2. 如下代码设计的意图是计算 1~10 的平方。该段代码运行后，没有得到应有的结果，请说明出错的原因。并在不改变宏定义的情况下，对程序进行修改。（软考题）

```
#define SQUARE(a)  ((a)*(a))
int i;
int result;
i = 1;
do {
      result = SQURARE(i++);
      printf("result = %d\n", result);
} while(i < 10);
```

3. 编译并执行下面一段 C 语言后，其结果为____。（软考题）

```
#define XXX(a, b)    a ## b
int test_func1(int i)
{
      return i*10;
}
int test_func2(int i)
{
      return i*100;
}
int main(int argc, char **argv)
{
      printf("%d \n", XXX(test_func, 1)(100));
}
```

A. 编译出错　　B. 100　　C. 1000　　D. 10000

4. 分别运行下列两段程序，y1 和 y2 的值是____。（软考题）

程序段 1：

```
#define f(x)        x*x
float x, y1;
x = 2.0;
y1 = x/f(x);
```

程序段 2：

```
#define f(x)  (x*x)
float x, y2;
x = 2.0;
y2 = x/f(x);
```

A. y1=2.0, y2=0.5　　B. y1=0.5, y2=2.0
C. y1=2.0, y2=1.0　　D. y1=1.0, y2=2.0

5. 若想让程序跳转到绝对地址为 0x100000 去执行，应该怎么做？

6. 若一个整型变量的绝对地址为 0x67a9，请将其值设为 0xaa55。

7. 用宏定义完成以下目标。

❶ 两个数中取最小值。

❷ 用宏定义表示一年有多少秒。

❸ 宏定义如下：#define MIN(x, y) (((x) > (y)) ? (y) : (x))，则 MIN(*p++, b) 会怎样？

❹ 写一个宏来计算数组的元素个数。

❺ 写出宏 SWAP(x, y)，实现将 x、y 交换值。

8. 下面代码的目的和功能是什么？

```
#ifndef _MY_CONIO_H
#define _MY_CONIO_H
// 此处省略 5000 行代码
#endif  /* _MY_CONIO_H */
```

9. #include <filename.h> 和 #include"filename.h" 有什么区别？

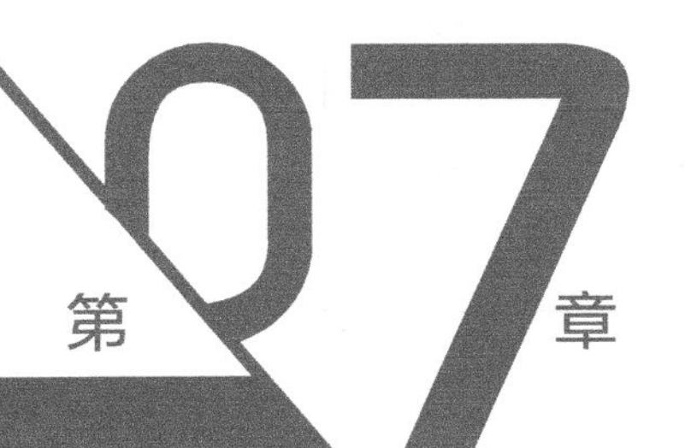

第07章 存储类&作用域&生命周期&链接属性

7.1 引言

存储类、作用域、生命周期和链接属性中这四个概念的关系往往是相互关联的，都是我们描述变量、函数的关键概念。对于初学 C 语言的同学来说，这些概念似乎都是无关紧要的，甚至都不会花费时间去关注，但是不得不说的是，这些概念非常重要，如果不理解这些概念，不客气地说，你的 C 语言还有些不过关。

对于像 static、auto、extern、register 等关键字，作用域、有效期、链接域等概念，有 C 语言基础的同学应该都是听说过的，在前面的章节中我们已经深入地介绍过有关编译链接的问题。在本章中，我们将会再次对编译链接做一个回顾，并且再来看看，编译链接与 static、extern、register 等关键字之间的作用到底是什么。

在 C 语言中有许多知识，我们一直都是按照规则去使用，可能并不知道深层次的原因，那么这章将会带你去深入了解这些隐藏在背后的知识。

7.2 概念解析

7.2.1 存储类

存储类，就是存储类型。

变量空间开辟于内存之中，存储类就是用于描述变量空间开辟于内存中什么地方。事实上内存被分为了栈、堆、数据段、bss 段和 text 段等不同管理方法的内存段，变量空间就开辟于这些内存段中。如局部变量被分配在栈中，那么它的存储类就是栈，被显式初始化为非 0 的全局变量分配在 data 段，那么该全局变量的存储类就是 data 段；显式初始化为 0 和没有显式初始化（默认为 0）的全局变量以及静态变量分配在 bss 段，该变量的存储类就是 bss。同理，当变量空间在其他段时，那么它的存储类就是该存储段。

```
int var1 = 1;       // 数据段
int var2;           // bss段
int var3 = 0;       // bss段
int main()
    {
int var4 = 1;       // 栈
    return 0;
}
```

7.2.2 作用域

作用域是描述这个变量起作用的代码范围。

基本来说，C 语言变量的作用域规则是代码块作用域。意思就是这个变量起作用的范围是当前的代码块。代码块就是一对大括号 {} 括起来的范围，所以一个变量的作用域，为这个变量定义所在的大括号 {} 范围内从这个变量定义开始往后的部分。以下两个例子可以帮助更好地理解作用域。

```
#include <stdio.h>
int var = 1;      // 作用域为本文件
int main(void)
{
    printf("in file, var = %d.\n", var);
    int var = 2;  // 作用域为main函数
    if (1)
    {
        int var = 3;  // 作用域为if
        printf("in if, var = 
%d.\n", var);
    }
    printf("var = %d.\n", var);
    return 0;
}
```

```
#include<stdio.h>
int main()
{
    int i;
    for (i=0; i<10; i++)
    {
        int a = 5;
       printf("i = %d.\n", i);
    }
    printf("a = %d\n", a);  //
error: 'a'undeclared (first use
in this function)
}
```

7.2.3 生命周期

生命周期是描述这个变量什么时候诞生，什么时候死亡，也就是运行时分配内存空间给这个变量，使用后收回这个内存空间，此后内存地址已经和这个变量无关了。变量和内存的关系，就和人（变量）去图书馆借书（内存）一样。变量的生命周期就好像借书的这段周期一样。研究变量的生命周期可以帮助我们理解程序在运行时的一些特殊现象。

7.2.4 链接属性

程序从源代码到最终可执行程序，经历的过程为预编译、编译、汇编和链接。其中编译的目的就是把源代码翻译成 xx.o 的目标文件，目标文件里面有很多符号和代码段、数据段、bss 段等分段。符号就是编程中的变量名、函数名等。运行时变量名、函数名能够和相应的内存对应起来，靠符号来链接。xxx.o 的目标文件链接生成最终可执行程序的时候，其实就是把符号和相对应的段链接起来。C 语言中的符号有三种链接属性：外链接属性、内链接属性和无链接属性（“链接”也可以写成“连接”）。

7.3 Linux下C程序的内存映像

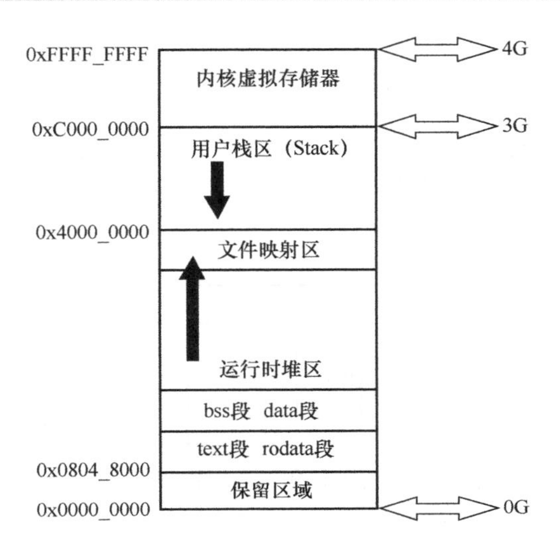

7.3.1 代码段、rodata段（只读数据段）

对应程序中的代码（函数）、代码段在 linux 中又叫文本段 (.text)。

rodata 段常常用于存储常量数据，它又被称为只读段，只读数据段在程序运行期间只能读不能写，比如 const 修饰的常量有可能就存储在 rodata 段，之所以说“可能”而不是“就是”是因为 const 常量的实现方法在不同平台是不一样的。

7.3.2 数据段、bss段

❶ data 段：存放被初始化为非 0 的全局变量；被初始化为非 0 的 static 局部变量。

❷ bss 段：存放未被初始化的全局变量；未被初始化的 static 修饰的局部变量。

7.3.3 堆

C 语言中什么样的变量存在堆内存中？ C 语言不会自动操作堆内存空间，堆的操作由程序员自己手工完成。在使用的过程中，程序员自己根据需求判断要不要使用堆内存，需要时使用 malloc 申请空间，使用完成之后，必须再用 free 方法释放空间，否则就会造成内存泄露。

7.3.4 文件映射区

文件映射区就是进程打开了文件后，将这个文件的内容从硬盘读到进程的文件映射区，以后就直接在内存中操作这个文件，读写完成后保存时，再将内存中的文件写到硬盘中去。

7.3.5 栈

栈内存区，局部变量分配在栈上。函数调用传参过程也会用到栈。

7.3.6 内核映射区

内核映射区就是将操作系统内核程序映射到这个区域。

对于 Linux 中的每一个进程来说，它都以为整个系统中只有它自己和内核而已。它认为内存地址 0xC0000000 以下都是它自己的活动空间，0xC0000000 以上是操作系统（OS）内核的活动空间，如下图所示。

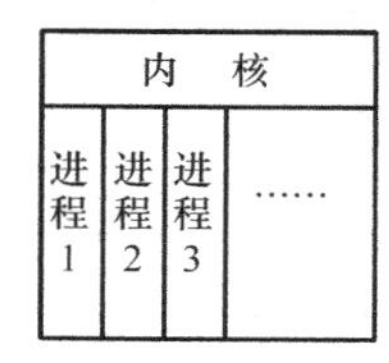

每一个进程都活在自己独立的进程空间中，0 ～ 3GB 的空间每一个进程都是不同的（因为用了虚拟地址技术），但是内核是唯一的。

实际上每个进程都认为自己有 1 ～ 4GB 的空间，但是每个进程都用不了这么多。

7.3.7 操作系统下和裸机下C程序加载执行的差异

C 语言程序运行时对环境有一定要求，意思是单独个人写的 C 语言程序没法直接在内存中运行，需要一定的外部协助，这段协助的代码叫加载运行代码（或者叫构建 C 运行时环境的代码，这一段代码在操作系统下是别人写好的，会自动添加到我们写的程序上。这段代码的主要作用是给全局变量赋值、清 bss 段）。

比如在裸机下写代码，定义了一个全局变量初始化为 0 但是实际不为 0，这时应该在裸机的 start.S 中加入清 bss 段代码。

这就说明在裸机程序中没人帮我们来做这一段加载运行时代码，要程序员自己做（start.S 中的重定位和清 bss 段就是在做这个事）。在操作系统中运行程序时，程序员自己不用操心，会自动完成重定位和清 bss 段，所以我们看到的现象是：C 语言中未初始化的全局变量默认为 0。

7.4 存储类相关的关键字1

7.4.1 auto

auto 关键字在 C 语言中只有一个作用，那就是修饰局部变量。

auto 修饰局部变量，表示这个局部变量是自动局部变量，自动局部变量分配在栈上（既然在栈上，说明它如果不初始化那么值就是随机的）。

平时定义局部变量时就是定义 auto 的，只是省略了 auto 关键字而已。可见，auto 的局部变量其实就是默认定义的普通的局部变量。

```
#include <stdio.h>
auto var1 = 20;            // 错误
int main()
{
      auto int var2 = 15; // 等价于 int var2 = 15;
      printf("var %d \n", var);
      return 0;
}
```

7.4.2 static

static 关键字在 C 语言中有两种用法，这两种用法之间没有任何关联，是完全是独立的。也许当年本应该多发明一个关键字，但是 C 语言的作者觉得关键字太多不好，于是给 static 增加了一种新用法，导致 static 关键字竟然有两种截然不同的含义。

static 的第一种用法是，用来修饰局部变量，形成静态局部变量。

static 的第二种用法是，用来修饰全局变量，形成静态全局变量。

本节重点分析第一种用法，因为第二种用法涉及链接域的问题，在 7.7 节才涉及。

静态局部变量和自动局部变量（auto）本质区别是存储类不同，自动局部变量分配在栈上，而静态局部变量分配在 data 或者 bss 段上。

静态的局部变量和全局变量的相似之处如下所示。

❶ 静态局部变量在存储类方面（数据段）和全局变量一样。

❷ 静态局部变量在生命周期方面，和全局变量一样。

静态局部变量和全局变量的区别如下所示。

作用域、链接属性不同。静态局部变量作用域是代码块作用域（和自动局部变量是一样的）、链接属性是无连接（后面会详细介绍）；全局变量作用域是文件作用域（和函数是一样的）、链接属性方面是外连接（后面会详细介绍）。

7.4.3 register

register 关键字不常用，当使用 register 关键字修饰变量时。编译器会尽量将它分配在寄存器中，平时变量空间都是分配在内存中。register 修饰的被称为寄存器变量，和普通变量的使用方式没有什么区别，但是寄存器变量的读写效率会高很多，所以对那些读写频率很高的变量来说，使用 register 关键字将其变为寄存器变量，可以很好地提高其访问效率。

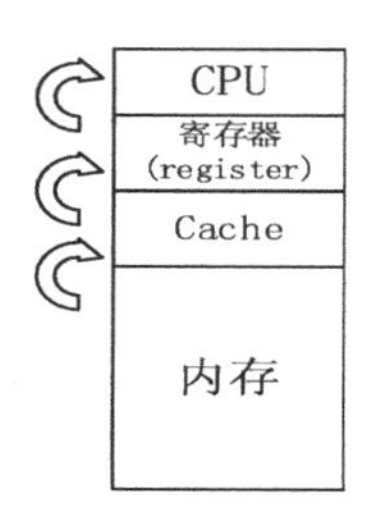

比如在我们的 uboot 中就用到了一个 register 类型的变量，因为这个变量在整个 uboot 中被使用的频率很高，为了提高效率，因此将其定义为 register 变量。平时写代码要被定义成 register 这种情况很少，要慎用。编译的过程中，编译器只能承诺尽量将 register 修饰的变量放在寄存器中，但是不保证一定放在寄存器中。主要原因是寄存器数量有限，不一定能够分配上。

7.5 存储类相关的关键字2

7.5.1 extern

在编译 C 程序时，是以单个 .c 文件为单位的，编译时当 b.c 中用到 a.c 中定义的变量时，编译器会报错。在面对这种情况时，我们就可以使用 extern 关键字。extern 修饰全局变量，就可以实现跨文件访问变量用，比如在 a.c 中定义了一个全局变量，但是在 b.c 中也可以使用该变量。

```
a.c 文件
#include <stdio.h>
int main()
{
   printf("var = %d \n", var);
   return 0;
}
```

```
b.c 文件
     int var = 1;
```

a.c 中使用 var 之前应该先声明 var，声明就是告诉 a.c 我在别的文件中定义了 var，并且它的原型和声明格式一样，将来在链接的时候链接器会在别的 .o 文件中找到这个同名变量。在这种情况下，声明一个全局变量时就要用到 extern 关键字。

```
a.c 文件
      #include <stdio.h>
      extern int var;
      int main()
      {
      printf("var = %d \n", var);
      return 0;
      }
```

```
b.c 文件
     int var = 1;
```

请注意声明与定义的区别，定义是编译器创建了具体变量，并为这个变量分配了内存。声明并没有分配内存，只是告诉编译器这个名字已经被分配内存了，不能再被分配内存了。定义兼有声明的作用，定义本身就有声明。实际上准确来讲，在编译器看来并不存在声明与定义的区别，我们分出声明和定义的目的实际上只是为了学习时方便理解而已。

7.5.2 volatile

volatile 的字面意思为可变的、易变的。C 语言中使用 volatile 来修饰变量时，表示这个变量可以被编译器之外的东西改变。“编译器之内”的意思表示变量值的改变是代码作用的结果；“编译器之外的改变”表示，这个改变不是由代码造成的，或者不是由当前代码造成的，编译器在编译当前代码时无法预知。如在中断处理程序 isr 中更改了这个变量的值；在多线程中别的线程更改了这个变量的值；以及硬件自动更改了这个变量的值（一般来讲这个变量值就是一个寄存器的值）。

```
#include <stdio.h>
int main() {
   int var = 123;
   // var 的变化是编译器可知的，是由内部代码的改变而改变的
   printf("var = %d \n", var);
   return 0;
}
```

以上说的三种情况（中断 isr 中引用的变量；多线程中共用的变量；硬件会更改的变量）都是编译器在编译时无法预知的，此时应使用 volatile 告诉编译器这个变量属于这种（可变的、易变的）情况。编译器在遇到 volatile 修饰的变量时就不会对其进行优化，因为这时优化会造成错误。

```
#include<stdio.h>
int main()
{
      int a,b,c;
      a = 3;
      b = a;
      c = b;
// 编译器优化时，会变成 c=b=a=3 的形式，但是如果在 a=3 的后面发生
// 中断或硬件改变，就会出现错误，这时就需要 volatile 关键字进行修饰
      return 0.;

}
#include<stdio.h>
int main()
{
      volatile int a,b,c;
      a = 3;
      b = a;
      c = b;
      // 这时，编译器就不会对其利用优化
      return 0.;

}
```

编译器在一般情况下的优化效果还是非常好的，可以帮助提升程序效率。但是在特殊情

况（volatile）下，变量会被编译器想象之外的力量所改变，此时如果编译器没有意识到而去优化，则就会造成优化错误。优化错误会带来执行错误，而且这种错误很难被发现。

当我们意识到需要加 volatile 进行修饰时而没有加的话，程序可能会被错误地优化。如果在不应该加 volatile 的情况加了，程序虽然不会出错但会降低效率。所以我们对于 volatile 的态度应该是：正确区分，该加的时候加，不该加的时候不要加，如果不能确定该不该加，为了保险起见就加上。

7.5.3 restrict

restrict 关键字是由 c99 标准引入的，被用于限定和约束指针。当使用 restrict 修饰指针，会告诉编译器，所有希望修改该指针指向的内存时，都必须使用该指针才可以进行，这样安排的目的是为了让编译器能够进行更好的优化。

```
int *restrict p;
指针 p  // 所指向的内存单元只能被 p 所访问，任何同样指向该内存的指针都是无效的
```

```
#include<stdio.h>
int function(int *x, int *y)
{
        *x = 111;
        *y = 222;
        return *x;
}
// 这时，function 函数绝大多数情况会返回 111
// 但在极少情况（硬件、多线程、中断 isr）
// 结果会改变，因此编译器不会将其优化为
// return 111。这时就需要 restrict 关键字
```

```
#include<stdio.h>
int function(int *restrict x, int
*restrict y)
{
        *x = 111;
        *y = 222;
        return *x;
}
// 这时，function 函数绝大多数情况会返回 111
所以编译器会放心地将其优化为 return 111
```

此关键字是 GCC 所支持的，可以利用“-std = c99”来开启 GCC 对 C99 的支持。

7.5.4 typedef

typedef 在 C 语言关键字的归类上属于存储类关键字，但是实际上和存储类没关系，typedef 关键字在前面的章节中已经详细的讲解过，这里不再赘述。

7.6 作用域详解

7.6.1 局部变量的代码块作用域

代码块基本可以理解为一对大括号 {} 括起来的部分。代码块不等于函数，因为 if while for 都有 {}。

局部变量的作用域是代码块作用域，也就是说，一个局部变量可以被访问的范围，为定义该局部变量开始到代码块结束。

7.6.2 函数名和全局变量的文件作用域

文件作用域的意思就是全局的访问权限，也就是说整个 .c 文件中都可以访问这些东西。这就是平时所说的全局。

准确地说，函数和全局变量的作用域为 .c 文件中该函数或全局变量的定义位置开始到文件结束。

```
#include <stdio.h>
int var = 1;
int main()
{
    int var1 = 2;
    return 0;
}
```


但是如果想要在定义的前面访问时怎么办？ 答案是：声明。

```
#include <stdio.h>

extern var;
int var = 13;

int main()
{
       printf("var = %d \n", var);
       return 0;
}
```

- **变量的掩蔽规则**

编程时不可避免会出现同名变量。变量同名后会出现什么情况呢？

如果两个同名变量作用域不同，这种情况下同名没有任何影响；但如果两个同名变量作用域有交叠，C 语言规定作用域小的一个变量会掩蔽掉作用域大的那个。

7.7 变量的生命周期

7.7.1 研究变量生命周期的意义

变量的生命周期指的就是变量何时诞生与何时消亡。

诞生：运行时在内存中分配变量空间。

消亡：内存回收变量空间。

单独理解生命周期是没有意义的，要将其与其他东西结合起来才会有意义。搞清楚变量生命周期的问题，有助于理解变量的行为特征。

7.7.2 栈变量的生命周期

局部变量空间（自动变量）开辟于栈中，生命周期是临时的，在变量空间代码运行时开辟，运行结束后就释放。如一个函数内定义的局部变量，在这个函数每一次被调用时都会创建一次，然后使用，最后在函数返回的时候消亡。而且每一次创建局部变量，给变量分配的内存地址都是不相同的。

那么一个函数内的局部变量有效期为多久？因为函数内的局部变量在函数运行结束时就释放了，所以局部变量的有效期，等于函数的有效期。

7.7.3 堆变量的生命周期

堆内存空间是客观存在的，是由操作系统维护的，程序只是去申请使用然后释放而已。堆变量也有自己的生命周期，就是从 malloc 申请时诞生，然后使用，直到 free 时消亡，因此开辟于堆内存的变量在 malloc 之前和 free 之后不能被访问。

7.7.4 数据段、bss段变量的生命周期

我们知道全局变量空间开辟于数据段或者 bss 段中，因此全局变量的生命周期是永久的。永久的意思就是，从程序开始运行到终止时都会一直存在。全局变量所占用的内存是不能被程序自己释放的，所以程序如果申请了过多的全局变量，会导致这个程序一直占用大量内存。

许多同学觉得在写程序时，使用 malloc 申请内存，还要去使用 free 释放内存，很麻烦，因此大量地使用全局变量，这样的话会导致程序占据大量的内存。在 Linux 内核中大量使用 malloc/free 的目的，就是为了避免内存被大量占用。

7.7.5 代码段、只读段的生命周期

程序执行的代码指的就是函数，它的生命周期是永久的。不过代码的生命周期一般并不被关注。有时候放在代码段的不只是代码，还有 const 类型的常量和字符串常量（const 类型的常量、字符串常量有时候放在 rodata 段，有时候放在代码段，取决于平台。有时候在单片机中会放到代码段，GCC 中会放在 rodata 段）。

7.8 链接属性

7.8.1 C语言程序的组织架构：多个C文件+多个h文件

一个庞大、完整的 C 语言程序（如 Linux 内核、uboot）是由多个 .c 文件和多个 .h 文件组成的。程序的编译过程就是：编译 + 链接。编译是为了将函数 / 变量等变成 .o 二进制的机

器码格式；链接是为了将各个独立分开的二进制的函数链接起来，形成一个整体的二进制可执行程序。

注意：错误分为编译错误和链接错误，这两种错误是不相同的，注意区分。

7.8.2 编译以文件为单位、链接以工程为单位

编译器编译时会将所有源文件依次读进来，以每个文件为单位进行编译，因此编译时不会考虑其他文件，这样显然就简化了编译器的设计。

链接的时候实际上是把第一步编译生成的 .o 文件作为输入，然后将它们链接成一个可执行程序。第一步有多少个 .c 文件，编译时就会有多少个 .o 文件，链接后多个 .o 文件就会变成一个可执行文件。

7.8.3 三种链接属性：外连接、内链接、无链接

外链接就是所需的函数与变量可以在外部文件中找到。我们知道，一个完整的 C 程序可能由很多的 .c 文件组合而成，因此当我们需要的函数和变量是由其他文件提供的时候，就需要在外部文件中寻找了。外链接说白了就是跨文件访问。具体来讲，之前描述的 extern 修饰的全局变量和函数就是属于外链接的内容。

内链接与外链接相反，所需的函数和变量在当前文件的内部就可以找到，对于内链接的函数和变量来说，我们都是使用 static 进行修饰的。一旦这些函数和全局变量使用 static 修饰，外部文件将无法访问，只有文件内部才能够进行访问。具体来讲，static 修饰静态全局变量和函数都是内链接的。

无链接的意思就是，这个符号本身不参与链接，它跟链接没关系，我们之前讲的局部变量（auto 的、static 的）都是无链接的。

7.8.4 函数和全局变量的命名冲突问题

extern 修饰的全局函数和全局变量都是外部链接的，这些函数和全局变量将来在整个程序中对于所有的 .c 文件都是可以访问的，因此对于外部链接的函数和全局变量来说，如何避免命名冲突问题很重要。当然，最简单的解决方案就是不要出现相同名字的情况，但是这很难做到。因为一个大型的工程项目，几乎都是由很多人协同完成的，因此想要做到不出现重复命名还是很难的。

现代高级语言解决这个问题的方法就是使用命名空间 namespace 的方式，说白了其实就是给一个变量带上各个级别的前缀。遗憾的是，C 语言不是这么解决的。不过 C 语言是比较早碰到这个问题的，当时还没发明 namespace 概念，因此 C 语言就发明了一种不是很完美但能凑活管用的解决方案，就是使用外链接、内链接和无链接这三种链接属性的方法。

C 语言使用链接属性解决这个问题的方法是：我们将明显不会在其他 .c 文件中引用的函数 / 全局变量，使用 static 修饰使其成为内链接，这样在将来链接时，即使两个 .c 文件中有重名的函数 / 全局变量，只要其中一个或 2 个为内链接就不会冲突。当然这种解决方案没有从根本上解决问题，因此留下了一些瑕疵，这导致用 C 语言写大型项目时，有一定的难度。

7.8.5 static的第二种用法：修饰全局变量和函数

当我们使用 static 修饰函数和全局变量时，函数和全局变量的作用范围就被锁在了本文件中，其他文件在链接时无法使用这些函数和全局变量，这就是所谓的内链接问题。如果我们不使用 static 进行修饰的话，默认就是使用 extern 进行修饰的，当然这个 extern 可以写出也可以不写出。正如前面所描述的，使用 static 进行修饰后，这种内链接的情况可以有效地避免函数和全局变量的命名冲突问题。

课后题

1. 许多程序语言规定，程序中的数据都必须都有类型，其作用不包括____。(软考题)

   A. 便于为数据合理分配内存单元
   B. 便于对参数与表达式计算的数据对象进行检查
   C. 便于定义动态数据
   D. 便于规定数据对象的取值范围以及能够进行的运算

2. 在 C 语言中，将变量声明为 volatile 类型，其作用为____。(软考题)

   A. 设为静态变量　　B. 让编译器不再对该变量进行优化
   C. 设为全局变量　　D. 节约存储空间

3. 请回答，执行如下这段代码的结果。

```
#define Max_CB 500
void LmiQueryCSmd(Struct MSgCB * pmsg)
{
      unsigned char ucCmdNum;
      // ...
      for(ucCmdNum=0;ucCmdNum<Max_CB;ucCmdNum++)
      {
            // ...
      }
}
```

4. 描述什么是变量的作用域、链接域和生命周期 (有效期)。

5. 描述 C 语言的内存结构，并描述特点。

6. 描述 static 关键字的作用。

第 08 章 C语言关键细节讨论

8.1 引言

打铁要趁热，通过对前面章节的学习，相信大家已经对 C 语言有了一定深度的了解。本章中我们主要讲解在 C 语言实际运用中值得注意的一些细节，主要内容如下：

❶ 什么是操作系统？之所以要讨论这个问题，是因为我们现在绝大多数情况下，程序都运行在操作系统上，因此我们就需要对操作系统有所了解。

❷ 我们总是看到 main 函数有形参，说明 main 函数也是被调用的函数，调用者会给 main 函数传递参数，那么 main 函数到底是被谁调用的呢？传递的到底是什么样的参数呢？

❸ void 类型。

❹ NULL 类型的指针。

❺ C 语言中的匿名变量。

❻ 调试 C 语言程序的方法。

针对以上这些细节问题，我们都会在这一章里面做一个详细的讲解。

8.2 操作系统概述

8.2.1 什么是操作系统

在早期的人类社会中，人人都要干活，那时候没有专业分工，所有人都直接做产生价值的工作。这在当时是合适的，因为当时社会生产力低下，人口稀少。ARM的裸机程序也是一样（裸机程序的特点是：代码量小，功能简单，所有代码都和直接目的有关，没有服务性代码）。后来随着人口增加，生产力提高，有一部分人脱离了直接产生价值的体力劳动，专职于指挥工作（诞生了阶级）。从本质上来说是合理的，因为资源得到了更大限度的使用，优化了配置，提升了整体效率。

对于程序也是一样的，当计算机技术发展，计算机性能和资源大量增加，这时候写代码也要进行分工，不然如果所有代码都去参与直接性的工作，则整体系统效率不高，因为代码很难进行资源的优化配置。这时候就出现了操作系统。操作系统就是分出来的管理阶级，操作系统的代码本身并不直接产生价值，它的主要任务是管理所有资源，为产生直接价值的程序（各种应用程序）提供服务。所以操作系统就是管理者和服务者。对于ARM处理器，裸机程序就像一个小公司，操作系统下的程序就像大型跨国公司。如果我们要做一款产品，软件系统该如何选？裸机还是基于操作系统呢？本质上取决于我们产品本身的复杂度。一般只有极简单的功能、使用极简单的CPU（如8bit单片机）的产品才会选择用裸机开发；复杂性产品都会选择基于操作系统来开发。

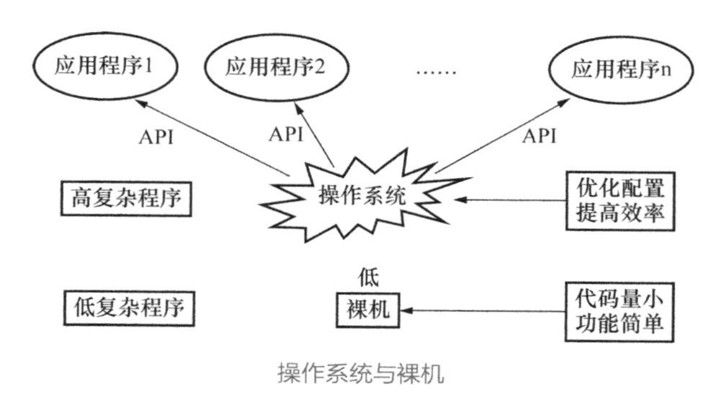

操作系统与裸机

如图所示，我们知道操作系统负责管理和资源调配，应用程序负责具体的直接劳动，它们之间的接口就是API函数。当应用程序需要使用系统资源（如内存、CPU、硬件操作等）时就需要通过API向操作系统发出申请，然后操作系统响应，帮助应用程序执行功能。

8.2.2 C库函数

单纯的API只是提供了极简单没有任何封装的服务函数，这些函数对于应用程序是可用的，但是不太好用。应用程序为了好用，就对这些API进行了二次封装，把它变得好用一些，于是就出现了库函数。C库函数就是把C语言中常用到的函数编写好放到一个文件里供程序使用，当程序需要时，只需把它所在的文件名放到#include<>里就可以，例如#include<math.h>。有时完成一个功能，可以用相应的库函数，也可以用API，用哪个都行。如读写文件，API的接口是open/write/read/close；库函数的接口是fopen/fwrite/fread/fclose。fopen本质上是使用open实现的，只是进行了封装，封装肯定有目的的（添加缓冲机制）。在编写C语言程序的时候，使用库函数可以极大地提高程序的运行效率和程序质量。

如下程序为最简单的C语言通过操作系统访问硬件。

```
        int main(int argc,char *argv[]) {
            printf("I am C!\n"); //(1)
            return 0;
          }
```

代码中（1）通过调用 printf 实现屏幕打印，这里的 printf 就是库函数提供的接口。

我们知道，不同操作系统中的 API 是不同的，但是都能完成所有的任务，只是完成一个任务所调用的 API 不同。当然库函数在不同操作系统下也不相同，只是相似性要更高一些。这是人为的，因为人们想要屏蔽不同操作系统的差异，因此在封装 API 成库函数的时候，尽量使用了同一套接口，所以封装出来的库函数挺像的。但是它们还是有差异，所以在一个操作系统上写的应用程序不可能直接在另一个操作系统上面编译运行。于是就有了可移植性问题。

8.2.3 操作系统的重大意义

前面我们说过，操作系统是用来有效地管理资源的，让资源得到合理有效的利用，提高产品性能。操作系统管理的资源有哪些呢？如下图所示。

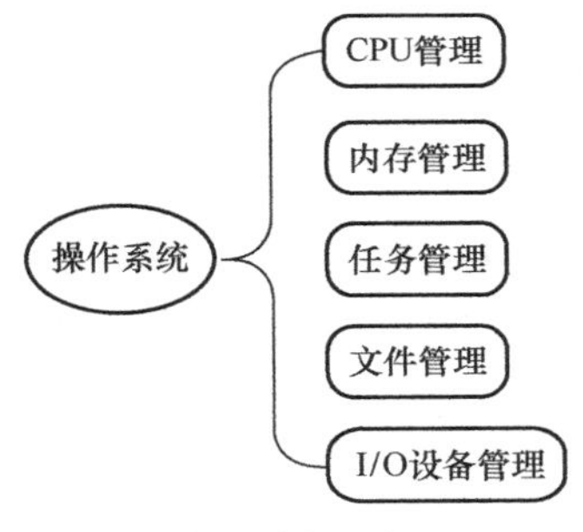

操作系统管理资源

从图中我们可以看出，操作系统管理的资源有五类，分别是：CPU 管理、内存管理、任务管理、文件管理和 I/O 设备管理。

- **CPU管理**

CPU 管理的含义就是操作系统对 CPU 的分配。

- **内存管理**

内存是任务的生存空间，内存管理就是操作系统给进程分配内存空间，进程结束后，释放相应的内存。

- **任务管理**

任务就是进程，也就是用户的应用程序，当然也包括系统的，比如 Windows 系统中的各种软件。操作系统管理这些应用程序如何切换以及如何有效地工作。

- **文件管理**

文件管理是操作系统对文件存储空间进行分配、维护和回收，同时负责文件的索引、共享和文件保护。

- **I/O设备管理**

操作系统与外围设备的数据交互，管理各种硬件设备，如显示器、硬盘和打印机等。

当有了操作系统后，我们做一款产品可以分成两部分：一部分开发人员负责做操作系统（驱动开发）；另一部分开发人员负责用操作系统实现具体功能（应用开发）。实际项目开发过程中，应用开发又进一步被分工，所以需要不同岗位的工程师共同完成一个项目。

8.3 main函数返回值

8.3.1 普通函数的返回值

在 C 语言中，我们定义一个函数的时候，一般都是给函数设计了输入和输出，函数的形参是函数的输入，返回值是函数的输出。

如下面程序所示，我们定义了一个 sum 函数，在主函数中我们调用 sum 函数，它完成了一个和运算，并将和的结果返回给 a，此时 a 的值就是函数 sum 运算的结果。

```
int sum(int a, int b)
{
    return a+b;
}
void main(void)
{
    int a = 0, b = 3, c = 0;
    a = sum(b, c);      //(1)
    printf("a = %d.\n", a);
}
```

看到这里大家应该明白了，当我们需要函数对外输出数据（实际上就是函数运行的结果），就需要函数返回值。也就是说，函数被另一个函数调用，返回值作为函数的值返回给该函数调用者。应当注意的是，在函数中我们用 return 语句返回函数的返回值。函数体中如果遇到了 return 语句，那么函数就会停止运行，返回结果值。如上程序中，我们将 sum 函数修改如下。

```
int sum(int a,int b)
{
    if(a >b)
    {
```

```
            return a-b;         //(1)
        }
        else
        {
            return b-a;         //(2)
        }
        return a+b;             //(3)
    }
```

上述代码中，如果 a>b 执行（1），则执行（2）。这里的（3）永远都不会执行，因为函数执行到（1）、（2）就已经结束了。

在 C 语言函数中，使用 return 语句时应当遵守以下规则。

如果函数指定返回类型为 void，则可以不加 return 语句；（2）如果函数指定除 void 之外的其他返回类型，那么必须在函数中加入一条 return 语句。

8.3.2 main函数的返回值

我们知道 main 函数是特殊的，因为 C 语言规定了 main 函数是整个程序的入口，其他的函数只有直接或间接被 main 函数调用才能被执行。C 语言的设计原则就是把函数作为程序的构成模块，main 函数就像是我们搭积木的主体，函数就是一块块积木。C 语言的程序总是从 main() 函数开始执行的。

在最新的 C99 标准中，main() 函数只有两种定义，分别如下所示。

```
int main(void) // 不带参数形式
{
    ...
    return 0;
}
```

```
int main(int argc, char *argv[]) // 带参形式
{
    ...
    return 0;
}
```

带参形式还有一种写法，如下所示。

```
int main(int argc, char **argv)
{
    ...
    return 0;
}
```

通过前面对指针的学习，我们知道其实这两种带参的作用是一模一样的。int 说明了 main() 函数的返回值类型，函数名后面小圆括号包含了传递给函数的信息。void 表示没有给 main 函数传参数。接触过单片机的同学，看到这里可能会有疑问，在单片机的 C 语言代码中，main() 函数常常以 void main(void) 的形式出现。这是因为单片机的编译器是允许这种形式出现的，单片机中的 C 语言并不是标准的 C99。在实际项目中，建议大家还是使用标准的形式，这样做的好处是：当你把程序从一个编译器移到另一个编译器时，照样能正常工作。

从前面我们知道，main() 函数的开始意味着整个程序开始执行，main() 函数的结束意味着整

个程序的结束。main() 函数从某种角度来讲代表了我们当前这个程序，或者说代表了整个程序。谁执行了这个程序，谁就调用了这个程序中的 main() 函数。main() 函数的返回值是 int 类型数据，通常我们在 main() 函数最后 return 0，0 就是 main 函数的返回值，返回 0 说明程序正常执行，程序运行结束，返回非 0 说明程序异常。所以 main() 函数中返回值的意义，不仅仅是一个返回值，还说明结束程序、程序是否运行正常。

8.3.3 谁调用了main函数

在 Linux 系统的 C 语言开发中，我们可以通过在命令行使用 ./xx 执行一个可执行程序，也可以通过 shell 脚本来调用执行一个程序，还可以在程序中去调用执行一个程序（fork exec）。虽然我们有多种方法去执行一个程序，但是本质上是相同的。Linux 中一个新程序的执行就是一个进程的创建、加载、运行和消亡。Linux 中执行一个程序其实就是创建一个新进程，然后把这个程序丢进这个进程中去执行直到结束。Linux 中的进程（除了三个特殊进程之外）都是被它的父进程调用 fork 函数创建出来的。命令行本身就是一个进程，在命令行下通过 ./xx 方式执行一个新程序，其实这个新程序是作为命令行进程的一个子进程执行。main 函数的返回值最终会返回给父进程，父进程判断子进程（新程序）是执行成功了还是执行失败了，做出要不要复活子进程继续运行等的决定。

8.4 argc、argv与main函数的传参

从前面的知识，我们知道 main() 函数的参数是由调用 main 函数所在的程序的父进程传递的，并且它接收 main 的返回值。在 Linux C 中，main() 函数可以传参，也可以不传参，int main(void) 这种形式就表示我们没有给 main 传参。但有时候我们希望程序具有一定的灵活性，所以选择在执行程序时通过传参来控制程序的运行，达到不需要重新编译程序就可以改变程序运行结果的效果。

主函数 main() 的第一个参数是命令行中的字符串个数，即程序运行的时候给 main() 函数传递的参数个数。

一般情况下，会把第一个参数取名为 argc，其实是 argument count（参数个数）的简写。现在你明白了为什么这个形参会有这么特别的名字了吧。难的不会，只是简单的东西没有学好。了解了这些细节，你会比别人学得更好。第二个参数是一个指向字符串的指针数组。命令行中的每一个字符都被存储到内存中，并且分配一个指针指向它。我们一般把这个数组写成 argv（argument value）。argv[0] 就是我们给 main 函数的第一个传参，第一个传参就是程序的名字，argv[1] 就是传给 main 的第二个参数。

现在我们来看一个例子，如下所示。

```
#include <stdio.h>
#include <string.h>

// 通过给 main 传参，让程序运行的时候去选择执行哪个从而
// 得到不同的执行结果
```

```
int main(int argc, char *argv[])
{
    int i = 0;
    printf("main 函数传参个数是: %d.\n", argc);
    for (i=0; i<argc; i++)
    {
        printf(" 第 %d 个参数是 %s.\n", i, argv[i]);
    }
    return 0;
}
```

编译，在命令行中输入 ./a.out 0 并回车，程序运行的结果如下所示。

main 函数传参个数是：2

第 0 个参数是 ./a.out

第 1 个参数是 0

在 main 传参，我们需要注意以下几点，否则容易出现问题。

❶ main() 函数传参都是通过字符串传进去的。

❷ main() 函数只有被调用时传参，各个参数（字符串）之间是通过空格来间隔的。

❸ 在程序内部如果要使用 argv，那么一定要先检验 argc。

8.5 void类型的本质

现在编程语言分两种：强类型语言和弱类型语言。强类型语言中所有的变量都有自己固定的类型，使用每个类型去定义变量时，它们都对应着固定大小内存空间，有固定的解析方法；弱类型语言中没有类型的概念，所有变量全都是一个类型（一般都是字符串的），程序在用的时候再根据需要来处理变量。C 语言就是典型的强类型语言，C 语言中所有的变量都有明确的类型。因为 C 语言中的一个变量都要对应一段内存，编译器需要这个变量的类型来确定这个变量占用内存的字节数和这一段内存的解析方法。

数据类型决定了变量占用的空间大小和内存的解析方法，所以 C 语言中变量必须有确定的数据类型。如果一个变量没有确定的类型（就是所谓的无类型），会导致编译器无法给这个变量分配内存，也无法解析这个变量对应的内存，因此不可能有无类型的变量。但是 C 语言中可以有无类型的内存。在内存还没有和具体的变量绑定之前，内存就可以没有类型。实际上纯粹的内存就是没有类型的，内存只是因为和具体的变量相关联后才有了确定的类型（其实内存自己本身是不知道的，而编译器知道，程序在使用这个内存时知道类型，所以会按照类型的含义去进行内存的读和写）。

void 类型的字面上的含义是：不知道类型，不确定类型，或者说还没确定类型。很多初学者把它理解成空的，这是不对的。我们以 void a 为例，void a 定义了一个 void 类型的变量，含义就是说 a 是一个变量，而且 a 肯定有确定的类型，只是目前我还不知道 a 的类型，所以标记为 void 类型。在 C 语言中如果我们去定义一个 void a; a = 5，去执行它必然出错，因为 a 还没确定具体数据类型，我们无法给它分配内存空间，故而出错。

那什么情况下需要 void 类型呢？其实就是在描述一段还没有具体使用的内存时需要使用 void 类型。典型应用案例就是 malloc 的返回值。malloc() 函数的原型是 void *malloc(size_t size)。malloc 函数向系统堆管理器申请一段内存给当前程序使用，malloc 返回的是一个指针，这个指针指向申请的那段内存。malloc 刚申请的这段内存尚未用来存储数据，malloc 函数也无法预知这段内存将来存放什么类型的数据，所以 malloc 无法返回具体类型的指针，故而返回一个 void * 类型，告诉外部我返回的是一段干净的内存空间，但尚未确定类型。所以当我们在 malloc 之后可以给这段内存读写任意类型的数据。

void * 类型的指针指向的内存是尚未确定类型的，因此我们后续可以使用强制类型转换，强行将其转为各种类型。这就是 void 类型的最终归宿——被强制类型转换成一个具体类型。

现在我们来看看下面的程序。

```
#include <stdio.h>
#include<malloc.h>
int main(void)
{
      int *p = (int *)malloc(sizeof(int));      // 由 void * 强制转为
// int *，不会警告 (1)
      return 0;
}
```

编译运行程序，没有出错。但当我们把程序中的代码（1）写成 int *p = malloc(sizeof(int))，那么程序将无法通过编译，因为 malloc 无法返回具体类型的指针。需要注意的是，当使用 void 类型时一般都是用 void *，而不仅仅是使用 void，这是因为 void * 可以指向任何类型的数据。

8.6 C语言中的NULL

8.6.1 NULL的定义

NULL 不是 C 语言关键字，本质上是一个宏定义，在 C/C++ 中 NULL 的标准定义是这样的：

```
#ifdef _cplusplus                     // 条件编译
#define NULL 0
#else
#define NULL (void *)0                // 这里对应 C 语言
#endif
```

在C++的编译环境中，编译器预先定义了一个宏_cplusplus，程序中可以用条件编译来判断当前的编译环境是C++的还是C的。在C语言中NULL的本质是0，但是这个0不是当一个数字解析，而是当一个内存地址来解析的，这个0其实是0x00000000，代表内存的0地址。(void *)0这个整体表达式表示一个指针。这个指针变量本身占4个字节，地址指向哪里取决于指针变量本身，这个指针变量的值是0，也就是说这个指针变量指向0地址（实际是0地址开始的一段内存）。

假设我们定义一个指针int *p，p是一个函数内的局部变量，则p的值是随机的，也就是说p是一个野指针。如果我们这样定义int *p = NULL，那么p也是一个局部变量，其分配在栈上的地址是由编译器决定的，我们不必关心，但p的值是(void *)0的值，实际就是0，意思是指针p指向内存的0地址处。这时候p就不是野指针了。为什么要让一个野指针指向内存地址0处呢？主要是因为在大部分的CPU中，内存的0地址处都不是可以随便访问的（一般都是操作系统严密管控区域，所以应用程序不能随便访问）。所以野指针指向了这个区域可以保证野指针不会造成误伤。如果程序无意识的解引用，指向0地址处的野指针则会触发段错误。这样就可以提示你找出程序中的错误。

标准的指针使用步骤如下所示。

```
int *p = NULL;              // 定义p时立即初始化为NULL
p = xx;
if (NULL != p)
{
    *p                      // 在确认p不等于NULL的情况下才去解引用p
}
p = NULL                    // 用完之后p再次等于NULL
```

注意： 一般比较一个指针和NULL是否相等不写成if (p == NULL)，而写成if (NULL == p)。原因是第一种写法中如果不小心把双等号==写成了单等号=，则编译器不会报错，但是程序的意思完全不一样了；而第二种写法如果不小心把双等号==写成了单等号=，则编译器会发现并报错。

8.6.2 '\0'、'0'、0 和NULL的区别

❶ '\0'是一个转义字符，它对应的ASCII编码值是0，本质就是0。

❷ '0'是一个字符，它对应的ASCII编码值是48，本质是48。

❸ 0是一个数字，它就是0，本质就是0。

❹ NULL是一个表达式，是强制类型转换为void *类型的0，本质是0。

在实际应用中，'\0'是C语言字符串的结尾标志，一般用来比较字符串中的字符以判断字符串有没有到头；'0'是字符0，对应0这个字符的ASCII编码，一般用来获取0的ASCII码值；0是数字，一般用来比较一个int类型的数字是否等于0；NULL是一个表达式，一般用来比

第08章

较指针是否是一个空指针。

8.7 运算中的临时匿名变量

8.7.1 C语言和汇编语言的区别

我们知道 C 语言是高级语言，汇编语言是低级语言。为什么 C 语言就是高级语言呢？可以这么解释，汇编语言和机器操作相对应，汇编语言只是 CPU 机器码的助记符，用汇编语言写程序必须拥有机器的思维。因为不同的 CPU 设计时指令集差异很大，因此用汇编编程的差异必然也会很大。高级语言（C 语言）对低级语言进行了封装（C 语言的编译器来完成），给程序员提供了一个接近人类思维的语法特征，程序员不用过多考虑机器原理，而可以按照自己的逻辑来编程，如数组、结构体、指针。更高级的语言如 Java、C# 等，只是进一步强化了 C 语言人性化的操作界面语法，在易用性和安全性上进行了提升。

高级语言中有一些元素是低级语言中没有的，高级语言在运算中允许我们大跨度地运算，意思就是低级语言中需要好几步才能完成的一个运算，在高级语言中只要一步即可完成。如 C 语言中一个变量 i 要加 1，在 C 语言中只需要 i++ 即可，看起来只有一句代码。但实际上翻译到汇编阶段需要三步才能完成：第一步从内存中读取 i 到寄存器，第二步对寄存器中的 i 进行加 1，第三步将加 1 后的 i 写回内存中的 i。

8.7.2 强制类型转换

C 语言运算中的临时匿名变量，就是 C 语言在强制类型转换时产生的一个临时匿名变量。理解这个临时匿名变量，有助于我们更好地理解 C 语言，写出更高质量的代码。

```
#include <stdio.h>
int main(void)
{
    float a = 12.34;
    int b = (int)a;              // (1)
    printf("a = %f, b = %d.\n", a, b);
    return 0;
}
```

上面程序的执行结果为 a = 12.340000，b =12。

在代码（1）中，我们将浮点类型的 a 强制转换成 int 类型，a 本身并没有发生改变。(int)a 强制类型转换并赋值在底层实际分了四个步骤。

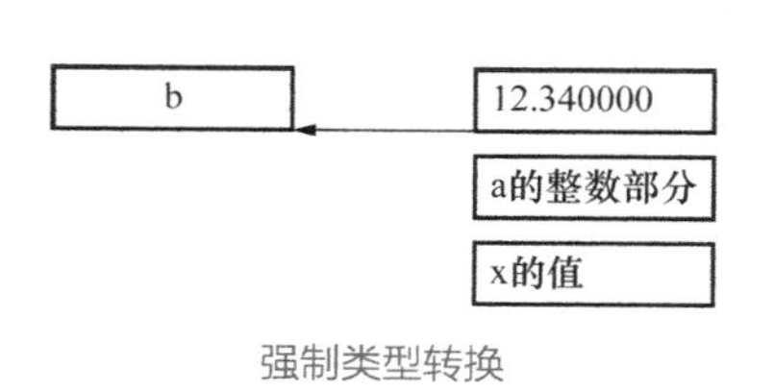

强制类型转换

第一步先在另外的地方找一个内存构建一个临时变量 x（x 的类型是 int，x 的值等于 a 的整数部分）。

第二步将 float a 的值的整数部分赋值给 x。

第三步将 x 赋值给 b。

第四步销毁 x。

最后结果：a 还是 float 而且值保持不变，b 是 a 的整数部分。

8.7.3 使用临时变量来理解不同数据类型之间的运算

```
#include <stdio.h>
int main(void)
    {
      int b;
      float a;
      b = 10;
      a = b / 3;
      printf("a = %f.\n", a);}
```

上述代码中，执行的结果为 a = 3.00000。

第一步先算 b/3。

第二步将第一步的结果强制类型转换为 float 生成一个临时变量。

第三步将第二步生成的临时变量赋值给 a。

第四步销毁临时变量。

8.8 顺序结构

8.8.1 C语言中的结构

C 语言中有三种结构：顺序结构、选择结构和循环结构。顺序结构就是按照代码的编码顺序依次执行，代码执行的过程中，如果没有遇到判断跳转或者循环，默认的是顺序执行。顺序结构的特点就是执行完上一句则开始执行下一句。选择结构，又称分支结构，细分有单分支、双分支和多分支。单分支结构一般是指 if 结构，用于判断，双分支结构一般是指 if...else...，多分支结构一般多指的是 switch 结构，当然用 if...else... 嵌套同样也可以实现。循环结构就是在特定的条件下要重复执行的语句，有 for 结构、while 结构、do ...while() 结构。在 C 语言程序很大一部分代码都是按照顺序结构来执行的，在选择结构或者循环结构中的代码段也是按照顺序结构执行的。如单分支选择 if(){}，在大括号 {} 内部是 if 的代码段，在代码段内部还是按照顺序结构来执行的。

8.8.2 编译过程中的顺序结构

一个 C 语言程序中多个 .c 文件组成，编译的时候多个 .c 文件是独立分开编译的。每个 .c 文件编译的时候，编译器是按照从前到后的顺序逐行进行编译的。

编译器编译时的顺序编译会导致函数/变量必须先定义，或声明才能调用，这也是C语言中函数/变量声明的来源。

链接过程中呢？应该说在链接过程中，链接器实际上是在链接脚本指导下完成的，所以链接时的.o文件的顺序是由链接脚本指定的。如果链接脚本中明确指定了顺序，则会优先考虑这个规则，按照这个指定的顺序排布；如果链接脚本中没有指定具体的顺序，则链接器会自动地排布。

8.8.3 思考：为什么本质都是顺序结构

顺序结构本质上符合CPU的设计原理，CPU就是以顺序方式去执行每条指令的，CPU是人设计的，所以CPU的设计符合人的思维原理。

8.9 程序调试

8.9.1 程序调试手段

在软件开发的过程中，一个很重要的步骤就是软件测试和排除错误。在一个大型的程序中，编程错误（bug）是难以避免的。特别像C语言这种自由度很高的编程语言，程序员不可避免地会出现各种各样的错误。错误有时候bug对程序没有多大的影响，有时候会返回错误的结果，但严重的bug甚至会造成程序跑飞、系统死机。开发者找到这些错误并消灭它们，这样的行为我们称之为“调试”（debug）。

当bug出现的时候，如果我们仅仅去查看源代码，很难找出问题所在，这时候我们就要借助一些手段去找出这些bug，并消灭它们。程序调试常见的手段包括单步调试、硬件调试、打印信息、log文件。

单步调试：利用调试器进行单步调试（如IDE中的Jlink）适合新手，最大的好处就是直观，能够帮助找到问题。缺点是限制性大、速度慢。

硬件调试：利用产品的硬件（如LED、蜂鸣器等）进行调试，这种手段比较合适裸机程序。

打印信息：利用printf函数打印调试，比较常用，作为程序员必须学会使用打印信息调试。其好处是具有普遍性，几乎在所有的情况下都能用。

log文件：log文件（日志文件）是系统运行过程中在特定时候打印的一些调试信息。log文件记录下这些调试信息，以供后续追查问题。log文件适合于系统级或者大型程序的调试。

注意： 调试信息太少会导致找不到问题所在；调试信息太多会导致大量的无用信息淹没有用信息，有用信息无法被测试人员看见。

8.9.2 调试(DEBUG)版本和发行(RELEASE)版本的区别

DEBUG 版本就是包含了调试信息输出的版本。在程序测试过程中会发布 DEBUG 版本，这种版本的程序运行时会打印出来调试信息的 log 文件，这些信息可以辅助测试人员判断程序的问题所在。DEBUG 版本的坏处是输出调试信息占用了系统资源，拖慢了系统运行速度，因此 DEBUG 版本的性能低于 RELEASE 版本。RELEASE 版本就是最终的发布版本，相较于 DEBUG 版本，去掉了所有的调试信息，所以程序的运行效率要更高。

DEBUG 和 RELASE 版本其实是一套源代码，不同的是 DEBUG 版本的源代码中有很多打印调试信息的语句。如何来控制生成 DEBUG 和 RELEEASE 版本？靠条件编译，即一个宏。

```
#ifdef DEBUG
#define dbg()              printf()
#else
#define dbg()
#endif
```

DEBUG 宏的实现原理是：如果我们要输出 DEBUG 版本，则在条件编译语句前加上 #define DEBUG 即可。这样程序中的调试语句 dbg() 就会被替换成 printf 从而输出。如果我们要输出 RELEASE 版本，则去掉 #define debug，dbg() 就会被替换为空，程序中所有的 dbg() 语句直接蒸发了，这样在程序编译时就会生成没有任何调试信息的代码。

8.9.3 debug宏的使用方法

```
#ifdef DEBUG
#define debug(fmt,args...) printf (fmt ,##args)
#define debugX(level,fmt,args...) if (DEBUG>=level) printf(fmt,##args);
#else
#define debug(fmt,args...)
#define debugX(level,fmt,args...)
#endif /* DEBUG */
```

上述代码来自 u-boot（common.h 头文件），通过前面的学习，我们知道如果定义了 debug 这个宏，使用 debug 会输出自定义的信息；如果没有定义，则什么也不会输出，即不执行任何语句。 我们再看一个比较常用的信息打印。

```
#define print_error(str) /
    do { /
      fprintf(stderr, "Oh God!/nFile:%s Line:%d Function:%s:/n",/
      __FILE__, __LINE__, __func__); /
      perror(str); /
      return (EXIT_FAILURE); /
    } while(0)
```

它不仅打印出导致出错的文件、行号、函数，还打印出这个出错的原因。EXIT_FAILURE 在系统中定义为 1。当然，也可以使用 exit（1），等等。注意 __FILE__ 等是 C 语言中的预

定义宏，就是说这个东西是个宏定义，但是由 C 语言自己定义的。这些宏具有特殊的含义，如 __FILE__ 表示当前正在编译的 .c 文件的文件名。这里要注意一点，在 Linux 中有一些约定的习惯，比如表示判断的函数，返回非 0 表示成功，返回 0 表示失败；表示操作性质的函数，返回 0 表示操作成功，返回非 0 表示操作失败。经典的 strcmp 函数，如果要比较的两个字符串相同，它是返回 0 的。

这里我们同样还要注意一点，输出调试信息与出错信息是两回事。调试信息是帮助我们更好地理解程序的运行、各个变量或程序的走向，这些信息是可有可无的。出错信息说明程序已经出错，不能继续运行下去了。比如给某一指针分配内存空间，如果分配失败，我们必须返回或退出函数（有些面试题会考这个）。这些都是我们需要注意的。上面只是讲了一种方法，方法没有绝对的好与不好，找到适合自己的才是最好的。

课后题

1. 描述操作系统的作用。
2. 描述什么是库函数。
3. 简述 '\0'、'0'、0 和 NULL 各自的作用和区别。
4. 简略描述一下，强制类型转换会导致变量的哪些方面的改变。

链表&状态机&多线程

9.1 引言

前面章节我们讲解了很多 C 语言的关键概念和知识，本章会介绍与数据结构相关的概念。其实我们已经接触过简单的数据结构，比如数组，但是数组由于过于简单，而且还有一定的缺陷，因此还需要更为复杂的数据结构，比如顺序表、链表、栈、队列和树等，这些知识都是在数据结构这门课中讲解的。在本章里，我们准备针对链表这种数据结构进行详细的讲解，因为链表在平时使用的频率较高。在链表之后我们还会讲解状态机、进程和线程等概念。总之本章比较重要，需要各位同学认真学习。

9.2 链表的引入

9.2.1 数组的缺陷

数组是最简单的数据结构，链表复杂一些，二叉树、图则是更加复杂的数据结构。数据结构由简单到复杂，它们所要解决的问题也由简单到复杂。要学习复杂的数据结构就要先学习简单的数据结构，如果简单的数据结构可以解决问题，就没有必要使用复杂的数据结构。数组天生的缺陷导致它解决不了某些问题，所以人们才发明了链表。

前面的章节也提到过数组的三个特点：一是数组中所有的元素类型必须相同；二是数组在定义的时候需要明确指定数组元素的个数，并且一般来说个数是不能改变的（Linux 内核中会使用变长数组，在高级语言如 C++ 当中也支持变长数组）；三是某个元素的移动可能造成元素的大面积移动，效率不高。这些特点使得数组有了简单易用的优点，但同样使得数组有了一定的局限性，那么如何弥补数组的缺陷呢？

❶ 数组的第一个缺陷靠结构体来解决，结构体允许其中的元素类型不同。

❷ 数组的第二个缺陷有两种解决思路，一是使用变长数组，二是使用链表。

❸ 针对第三个缺点，使用链表可以很好地解决。

我们希望数组的大小可以实时扩展，比如开始定义一个数组大小为 10，后来程序运行时觉得不够，希望扩展成 20，普通的数组肯定不能扩展。在高级语言中如 C++ 中，我们可以对数组进行封装以达到动态扩展的目的。下图就是封装数组的简要描述，在内存中重新申请一块更大的数组，然后将原来数组中的内容复制到新申请的数组的起始部分，最后释放原来的数组空间即可。只是这样的方法会牺牲一点效率。这样的做法可以类比为一个学校把原来的老校区卖掉，在郊区买一块更大的土地，然后建一个新校区。

特别是涉及在数组的中间进行元素的插入或者删除时，其操作效率较低，这样会导致该元素后面的所有元素的位置都必须移动，使用链表可以很好地解决这一问题，所以对于链表来说，在其任何位置进行插入和删除效率都很高。

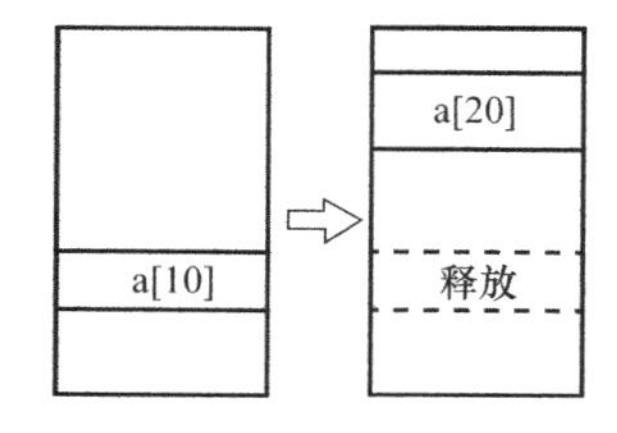

9.2.2 感性地认识链表

顾名思义，链表就是用锁链连接起来的表，这里的锁链指的是指针，表指的是存放数据的节点。

链表是由若干个节点组成的，各个节点的结构是完全类似的，都是由有效数据和指针两部分组成。有效数据区用来存储有效数据信息，而指针用来指向链表的前一个或者后一个节点，链表就是利用指针将各个节点进行串联起来的链式存储的线性表（简称链表）。

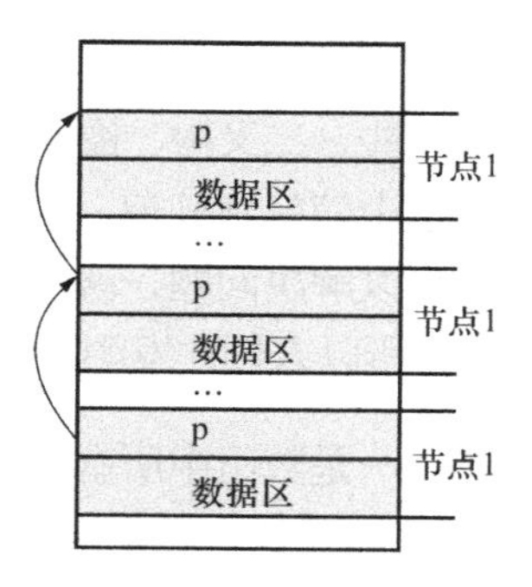

9.2.3 链表的作用是什么

链表主要是为了克服数组的诸多缺陷而产生的，与数组一样，都是用来存储数据的，只不过存储的方式发生变化了而已。数组和链表是并列以及互补的关系，各有优点和缺点。链表可以弥补数组的缺点，数组可以弥补链表的缺点。在实际编程中，根据想要存储的数据的不同特点，来判断到底是要使用数组还是链表。数组和链表之间没有最好，只有更合适。

将链表与数组做个对比的话：链表的优点是操作灵活，插入删除效率很高，但是缺点是需要额外分配存放节点地址的空间，而且操作有些繁琐；数组的优点是操作简单，易于理解，而且不需要开辟额外的空间，但是在数组中间进行插入和删除的操作，其效率比较低。

9.3 单链表的实现之构建第一个节点

9.3.1 单向链表

初步了解了单链表之后，让我们来构建一个简单的单链表，这个链表只能用来存储整型数据。写一个只能存储整型数据的链表并不实用，在实际编写代码的时候也并不会这样大费周章地亲手写一个链表，但是通过亲手构建这个简单链表可以使我们对链表的结构有相当深入的理解，后面就可以游刃有余地使用链表来存储各种复杂的数据了。

9.3.2 单向链表的结构

单链表的形象理解如下所示。

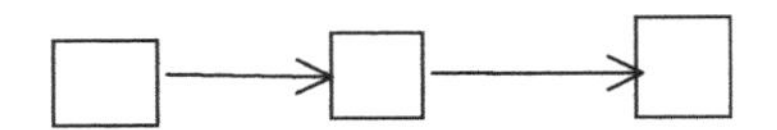

通过上图，我们可以对单链表的组织结构有一个最简单的认识。

单链表的创建到使用的大致步骤如下。

❶ 创建空的单链表，比如可以定义一个 creat_node() 函数来创建第一个节点。

❷ 操作单链表（增添、删除、查找、更改、排序），比如插入操作，定义一个 insert_tail() 函数来向链表（或是节点）的后面追加新节点。

❸ 销毁单链表，比如定义一个 destroy_list() 函数，用于销毁链表。

由上面的步骤可知，构建一个简单链表至少需要两个步骤：创建空链表，以及增添节点。

9.3.3 单链表的节点构成

链表是由节点构成的，节点包括有效数据和指针两部分。实现一个链表的首要任务就是构建节点，在 C 语言中节点的构建方法就是定义一个结构体。

```
struct node
{
        int data;
        struct node *pNext;
};
```

第09章

结构体中的两个元素分别是节点的有效数据和指针。有效数据可以是我们想要存储的任何类型的数据。为了让演示简单明了，这里将数据定义为 int 类型，结构体中的指针为 struct node * 类型，因为 pNext 指针指向的是下一个节点空间。要理解这个知识点，就需要认真地回忆指针的课程内容。

需要注意的是，这里只是定义了一个结构体类型，本身并没有变量生成，也不占用内存。结构体类型的定义相当于给链表节点定义了一个模板，但是还没有产生节点空间。当创建链表需要一个节点时，就使用这个模板来生产一个节点即可（定义一个结构体变量）。

9.3.4 使用堆内存创建一个节点

为什么要使用堆内存？用来形成链表的内存一般有如下的特点：必须需要多少就有多少；必须可以随意删除和释放。根据上面两个特点，我们就知道堆内存是最适合用来当做链表的节点的。

使用堆内存来创建一个链表节点的步骤是：申请堆内存并检查申请内存是否成功，申请的空间大小为节点结构体类型规定的大小，刚申请到的新内存就是一个新节点；清零刚申请到的堆内存空间；向新节点写入有效数据；初始化指针为 NULL。

先看下面的这一段创建节点函数的伪代码，函数的功能是创建一个节点并初始化。

```
Create_node(节点中要存的数据)
{
        申请一个节点大小的堆内存;
        检查堆内存是否申请成功;
        清理申请到的堆内存;
        填充节点中的数据;
        节点中的指针初始化为 NULL;
}
```

下面是伪代码的具体实现过程。

```
struct node * create_node(int data)
{
        struct node *p = (struct node *)malloc(sizeof(struct node));
        if (NULL == p)
        {
            printf("malloc error.\n");
            return NULL;
        }
        bzero(p, sizeof(struct node));
        p->data = data;
        p->pNext = NULL;

        return p;
}
```

函数的返回值，是一个指向刚刚创建出来的节点的首地址的指针。

9.3.5 链表的头指针

头指针并不是节点，而是一个普通指针变量，占 4 个字节。头指针的类型是 struct node* 类型的，所以它才能指向链表的节点。

一个典型的链表实现是：头指针指向链表的第一个节点，然后第一个节点中的指针指向下一个节点，然后依次类推一直到最后一个节点，这样就构成了一个链。

9.3.6 构建第一个简单的链表

❶ 定义头指针。

❷ 创建第一个节点，并将头指针指向第一个节点。

❸ 接着创建节点，并将新创建的节点从前一个节点的尾部插入进来。

❹ 以此类推，需要存多少数据便创建多少个节点，最终形成链表。

pHeader → data pNext → data pNext → data pNext → NULL

好了，我们现在已经实现了创建节点的函数，就先来创建一个只有一个节点的链表吧。

```
int main(void)
{
        struct node *pHeader = NULL;
        struct node *pHeader = create_node(0);
        return 0;
}
```

虽然它只有一个节点，但是万事开头难，我们已经开了一个好头。接下来我们只要往这个节点的后面添加几个新的节点单链表不就构建成功了吗？

9.4 单链表的实现之从尾部插入节点

9.4.1 从尾部插入节点

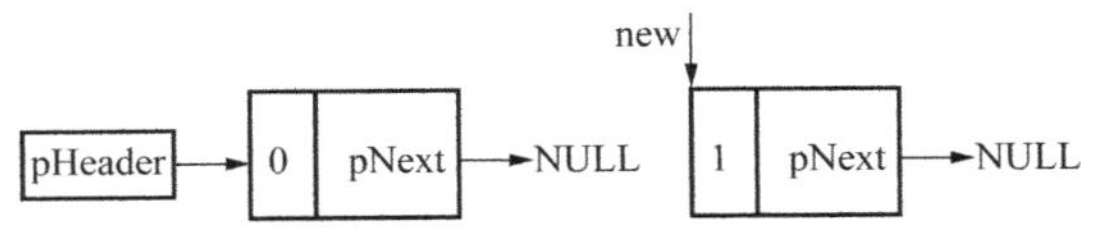

先请看上面的图，我们现在已经有了一个只有一个节点的链表，并且用 create_node 又创建了一个首地址为 new 节点。怎么将这两个节点链接起来？

答案是显而易见的，只需要一步：pHeader->pNext = new。

但是这样的一句代码显然只适用于上图的这一种情况，我们想要的 insert_tail() 函数功能是不管链表后面有几个节点，都可以使用该函数来完成尾部插入新节点的目的。于是我们就有了下面的思路。

将从尾部插入节点的任务分成两个步骤。

❶ 找到链表的最后一个节点。

❷ 将新的节点和原来的最后一个节点连接起来。

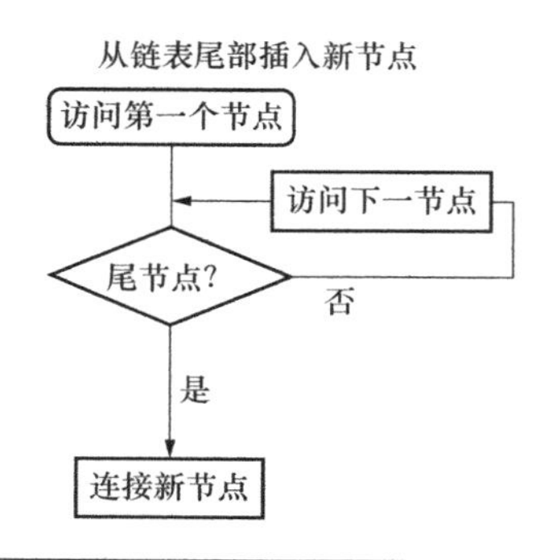


```
void insert_tail(struct node *pH, struct node *new)
{
	struct node *p = pH;
	while (NULL != p->pNext)          // 第一步
	{
		p = p->pNext;
	}

	p->pNext = new;                   // 第二步
}
```

函数的参数为链表的头指针 pH 和要插入的新节点的首地址 new。第一步的 while 循环用来找到最后一个节点的首地址，第二步的作用就是将新的节点和原来的最后一个节点连接起来。

9.4.2 构建第一个简单的链表

好了，现在我们已经实现了 create_node() 和 insert_tail() 两个必要的函数，可以开始构建真正的链表了。先构建一个有三个节点的链表好了。

```
#include <stdio.h>
#include <strings.h>
#include <stdlib.h>
struct node
{
	int data;
	struct node *pNext;
};
struct node * create_node(int data);
void insert_tail(struct node *pH, struct node *new);
```

```
int main(void)
{
        struct node *pHeader = create_node(1);
        insert_tail(pHeader, create_node(2));
        insert_tail(pHeader, create_node(3));
        printf("node1 data: %d.\n", pHeader->data);
        printf("node2 data: %d.\n", pHeader->pNext->data);
        printf("node3 data: %d.\n", pHeader->pNext->pNext->data);
        return 0;
}
```

9.4.3 什么是头节点

请思考一下，能否用下面的方法来创建第一个节点?

```
struct node *pHeader = NULL;
insert_tail(pHeader, create_node(1));
```

答案当然是不可以的。我们在 insert_tail 中直接默认了头指针指向了一个节点，如果不给头指针添加一个节点，而直接 insert_tail(pHeader, create_node(1))，函数内部就会试图操作 pHeader->pNext。但是此时 pHeader 的值是 NULL，因此会导致段错误。我们不得不在定义了头指针后创建一个新节点给指针初始化，否则不能避免这个错误。但是这样的方法使得我们必须特殊对待链表的第一个节点。

链表还有另外一种用法，就是把头指针指向的第一个节点作为头节点使用。头节点有两个特点：它紧跟在头指针后面；头节点的数据部分是空的（或者存链表的节点数），指针部分指向第一个有效节点。

这样看来，头节点确实和其他节点不同，头节点在创建头指针时一并创建并且和头指针关联起来。后面真正存储数据的节点就用节点添加函数来完成，如 insert_tail。这种处理方法的思路就是，既然第一个节点注定是要特殊对待的，就干脆让它更特殊一点。

链表有没有头节点是不同的，体现在链表的插入节点、删除节点，遍历节点。

链表的各个算法函数都不相同，所以如果在设计一个链表的时候有头节点，那么后面的所有算法也要按照有头节点的情况来实现。如果设计时没有头节点，那么后面的算法也不要考虑头节点。实际编程中，两种链表都有人用，所以在阅读别人的代码的时候要注意有没有头节点。我们接下来介绍的算法都是默认有头节点的。

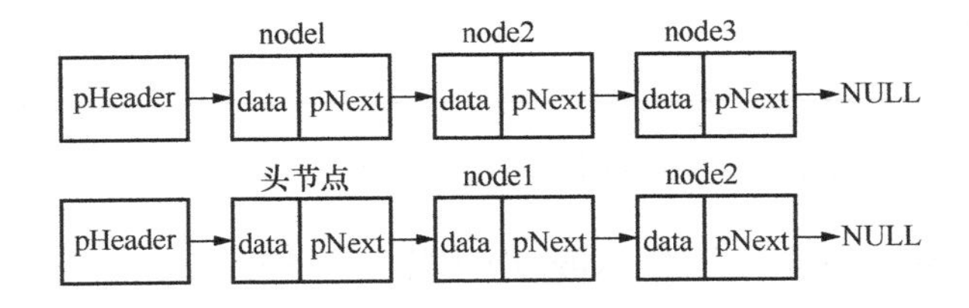

总之头节点不是必需的，可有可无，但是加上头节点比较好，因为有了头节点后，对所有节

点的操作方式就达成了统一，不需要每次都对第一个节点特殊对待。

9.5 单链表的算法之从头部插入节点

9.5.1 链表头部插入思路解析

在分析链表的算法的时候，一定要注意心里有数，先搞清楚完成这个算法需要哪几步，每步做什么，然后再去思考每步的代码实现是什么，否则就会只看到指针指来指去，很快就晕头转向了。

头插入节点的两个重要步骤如下。

❶ 新节点的 pNext 指向原来的第一个节点的首地址，即新节点和原来的第一个节点相连。

❷ 头节点的 pNext 指向新节点的首地址，即头节点和新节点相连。

经过这两步，新节点就插入在头节点和原来的第一个节点之间，成为新的第一个节点。

这两个步骤简单来讲就是先连接尾巴，后连接头部。

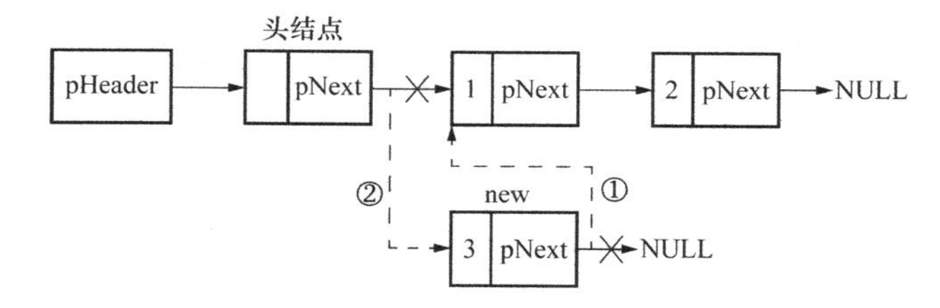

伪代码如下所示。

```
insert_head()
{
        第一步：新节点的 pNext 指向原来的第一个节点
        第二步：头节点的 pNext 指向新节点
}
```

具体代码实现如下所示。

```
void insert_head(struct node *pH, struct node *new)
{
        new->pNext = pH->pNext;
        pH->pNext = new;
}
```

请思考一下第一步和第二步的顺序可不可以交换一下？

如果我们先执行第二步，将头节点的 pNext 指针指向了新节点的首地址，当我们想要执行第一步的时候就会发现，原来的第一个有效节点的地址已经丢失了，第一步自然也就做不下去了，所以这两步的顺序不能颠倒。

9.5.2 箭头非指向

先回顾一下如何访问结构体当中的成员？没错，有点号“.”和箭头“->”两种方式，这两种方式的区别这里就不再重复，理解这一点对于链表的学习有很大的帮助。

注意写代码过程中的箭头符号，和指针的指向是没有关系的，它们是两码事，很容易搞混。在现实生活中用箭头 -> 表示指向，但是在 C 语言中，箭头“->”是用指针的方式来访问结构体当中的某个成员。换句话说，链表中节点的连接过程和程序中的箭头“->”没有关系。链表中的节点是通过指针的指向来连接的，编程中表现为给指针变量赋值，实质是把后一个节点的首地址赋值给前一个节点的 pNext 元素。请记住，箭头非指向，否则对链表的理解会造成不小的困扰。

9.6 单链表的算法之遍历节点

9.6.1 什么是遍历

数据有存就肯定会有取，既然链表是用来存放数据的，那么肯定要有从链表中读取数据的方法，这个方法就是遍历链表，也就是把链表中的各个节点挨个拿出来访问。

遍历的要点：不能遗漏、不能重复、效率要尽量高。

9.6.2 如何遍历单链表

分析一个数据结构如何遍历，关键是分析这个数据结构本身的特点，然后根据它的特点来定制它的遍历算法。

单链表的特点，就是它由很多个节点组成，头指针加头节点为整个链表的起始，最后一个节点的特征是它内部的 pNext 指针值为 NULL。从起始到结尾，中间由各个节点内部的 pNext 指针来挂接。由起始到结尾的路径有且只有一条。

遍历方法是，从头指针 + 头节点开始，顺着链表的挂接指针依次访问链表的各个节点，取出当前访问节点的数据，然后再访问下一个节点，直到最后一个节点，结束返回。

- **遍历过程分析**

❶ 指针 p 访问第一个有效节点并判断此节点是否是尾节点，取出数据，指针 p 移动到下一节点。

❷ 判断当前节点是否是尾节点，取出数据，移动到下一节点。

❸ 判断当前节点是否是尾节点，发现它就是尾节点，取出数据，停止遍历。

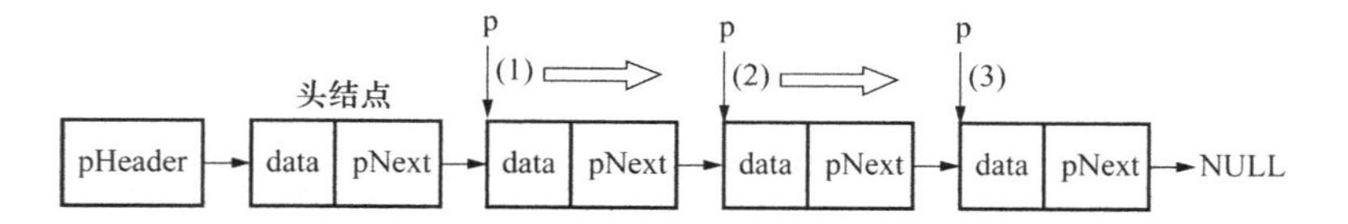

9.6.3 代码分析

```
// 遍历单链表，pH 为指向单链表的头指针，将遍历的节点数据打印出来。
void list_for_each_1(struct node*pH)
{
        struct node *p = pH->pNext;          // p 直接走到第一个节点
        printf("-----------begin-----------\n");
        while (NULL != p->pNext)             // 判断是不是最后一个节点
        {
            printf("node data: %d.\n", p->data);
            p = p->pNext;                    // 走到下一个节点，也就是循环增量
        }
        printf("node data: %d.\n", p->data);
        printf("-------------end-------------\n");
}
```

list_for_each_1() 算法在结束 while 循环后还要打印一次 p->data，原因是当 p 走到最后一个节点的时候，p->pNext 已经等于 NULL 了，所以不会进入循环体，因此尾节点的 data 并不会被打印出来，所以在退出循环后还要添加一行代码来访问尾节点的数据。

请接着看第二个遍历算法，它与第一个算法有什么不同？

```
void list_for_each_2(struct node*pH)
{
        struct node *p = pH;
        printf("-----------begin-----------\n");
        while (NULL != p->pNext)
        {
            p = p->pNext;
            printf("node data: %d.\n", p->data);
        }
        printf("-------------end-------------\n");
}
```

是不是发现仅仅是修改了指针 p 的初始位置，并且交换了取出数据与移动指针的顺序代码就变得优美许多？如果没有头节点的存在，还能不能使用第二个遍历算法？显然是不可以的，这样的话我们就会漏掉第一个节点的有效数据。当我们写出第二种算法而不是第一种的时候，是不是感觉浑身舒坦？这也是代码的魅力之一。

9.7 单链表的算法之删除节点

9.7.1 为什么要删除节点

我们一直在强调，链表到底是用来干什么的？链表是用来存数据的，有存就肯定有取，有取

也必定会有删除。有时候链表某个节点中的数据不需要了，因此就要删除节点：找到要删除的节点，然后删除这个节点。

找到要删除的节点也是要分情况的，具体怎么找是和业务逻辑有关的。有时候是知道要删除的节点在整个链表中的次序，比如要删除第二个有效节点；有时候则是知道要删除的节点中的数据是多少，比如我们要删除链表中数据为 5 的节点。

如何找到要删除的节点？通过遍历来查找节点。从头指针 + 头节点开始，顺着链表依次将各个节点拿出来，按照一定的方法比对，发现需要删除的节点后进行删除即可。

如何删除找到的节点？删除节点也有两种情况，摘除尾节点和普通节点的方法是有些差别的。

对于待删除的节点不是尾节点的情况：首先把待删除节点的前一个节点的 pNext 指针指向待删除节点的后一个节点的首地址（这样就把这个节点从链表中摘除了），然后再对这个被摘除的节点进行 free 操作，释放内存。

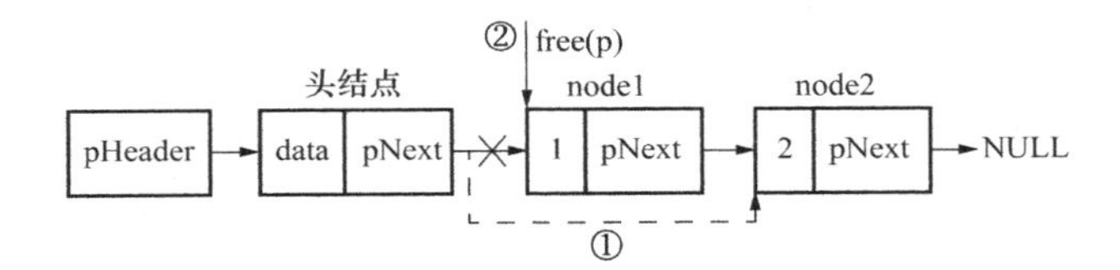

对于待删除的节点是尾节点的情况：首先把待删除尾节点的前一个节点的 pNext 指针指向 NULL（这时候就相当于原来尾节点前面的一个节点变成了新的尾节点），然后对摘除的节点进行 free 操作，释放内存。

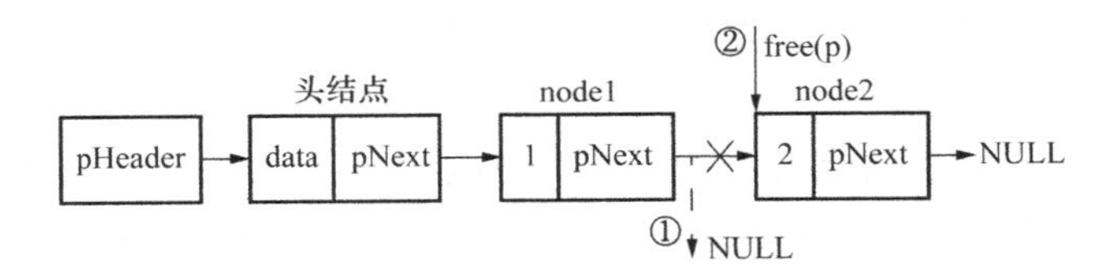

9.7.2 注意堆内存的释放

我们在前面几节写的代码最终都没有释放内存，因为整个程序在遍历过链表后就结束返回了，当程序都结束了的情况下，那些还没有释放的堆内存会被自动释放。

那为什么我们会说 malloc 的堆内存不释放的话程序会吃内存呢？有时候程序运行时间很久（如服务器的程序，可能一运行就是几个月），这时候 malloc 的内存如果没有释放，会一直被占用到释放它或者程序终止。

链表中有用的数据会被一直存储在堆内存中，当我们不再需要某个节点并且将其删除后，该节点所占用的堆内存理所当然地应该被释放出来。如果删除算法当中没有 free 这一步骤的话，整个程序中如果频繁地添加节点或删除节点，就会出现吃内存的现象。

9.7.3 设计一个删除节点算法

从链表 pH 中删除节点，待删除的节点的特征是数据区等于 data。

返回值：当找到并且成功删除了节点则返回 0，当未找到节点时返回 -1。

```
int delete_node(struct node*pH, int data)
{
        struct node *p = pH;                        // 用来指向当前节点
        struct node *pPrev = NULL;                  // 用来指向当前节点的前一个节点
        while (NULL != p->pNext)                    // 遍历，走到尾节点退出循环
        {
            pPrev = p;                              // 跟随 p 移动，指向 p 的前一个节点
            p = p->pNext;                           // 走到下一个节点，也就是循环增量
            if (p->data == data)                    // 找到了要删除的节点
            {
                if (NULL == p->pNext)               // 尾节点
                {
                    pPrev->pNext = NULL;            // 摘除尾节点
                    free(p);                        // 释放摘除的节点的内存
                }
                else                                // 普通节点
                {
                    pPrev->pNext = p->pNext;        // 摘除要删除的节点
                    free(p);                        // 释放摘除的节点的内存
                }
                return 0;                           //删除节点成功，函数返回
            }
        }
        printf("没有需要删除的节点.\n");
        return -1;
}
```

删除节点的难点在于，通过链表的遍历依次访问各个节点，找到这个节点后 p 指向了这个节点，但是要删除这个节点关键要操作前一个节点的 pNext 指针，但是此时 p 指针已经无法操作前一个节点了。解决方案就是增加一个指针 pPrev 在循环体中跟随 p 指针的步伐移动，pPrev 就会一直指向当前节点的前一个节点。这样就可以通过给 pPrev->pNext 赋值来控制链表的连接状态了。

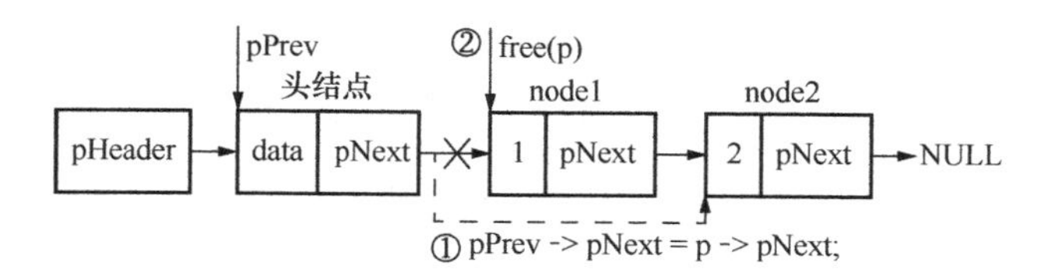

9.8 单链表的算法之逆序

9.8.1 什么是链表的逆序

链表的逆序又叫反向，意思就是把链表中所有的有效节点的顺序给反过来。

9.8.2 单链表的逆序算法分析

从逻辑上来讲，链表的逆序有很多种方法，这些算法都能达到逆序的效果，但是它们的效率、可扩展性、容错性和可读性是不一样的。我们这里选择一种可读性较好，且容易理解的算法来实现。

可以先假设这样一个场景，我们有两根竹签，竹签 1 上有顺序排列的 4 个小球，现在我们要将竹签 1 上面的小球依次取下来，然后顺序插到竹签 2 上面，竹签 2 上面的小球的顺序和原来竹签 1 的顺序刚好是相反的，步骤如下图所示。

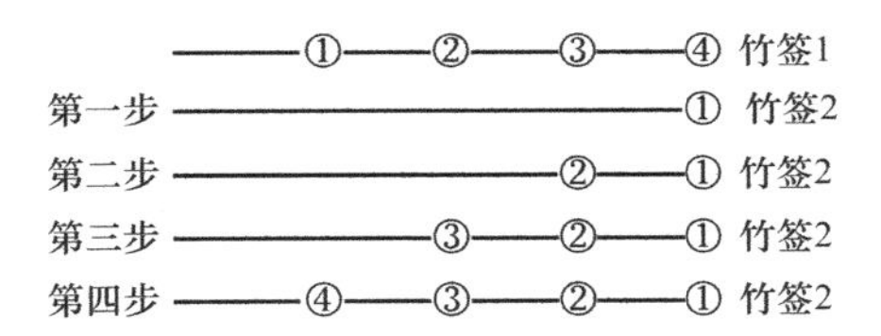

链表逆序的思路和上面的步骤类似，首先遍历原链表，然后将原链表的头指针和头节点作为新链表的头指针和头节点，原链表中的有效节点挨个依次取出来，采用头插入的方法插入新链表中即可。

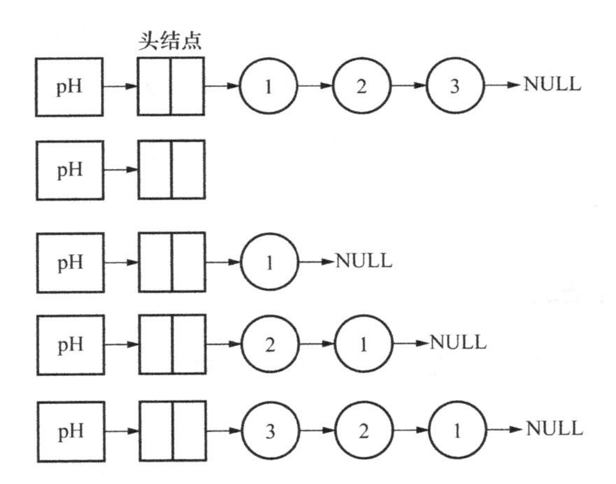

通过以上的分析我们可以得到：链表逆序 = 遍历 + 头插入。

9.8.3 编程实现逆序算法

函数功能：将 pH 指向的链表逆序。

```
void reverse_list(struct node *pH)
{
        struct node *p = pH->pNext;          // p 指向第一个有效节点
        struct node *pBack;                  // 保存当前节点的后一个节点地址

        // 当链表没有有效节点或者只有一个有效节点时，逆序不用做任何操作
```

```
        if ((NULL ==p) || (NULL == p->pNext))
            return;

        while (NULL != p->pNext)
        {
            pBack = p->pNext;                  // 保存p节点后面一个节点地址
            if (p == pH->pNext)                // 原链表第一个有效节点
            {
                p->pNext = NULL;               // 头插入之尾部连接
            }
            else                               // 原链表的非第1个有效节点
            {
                p->pNext = pH->pNext;          // 头插入之尾部连接
            }
            pH->pNext = p;                     // 头插入之头部连接

            p = pBack;                         // 指针p走到下一个节点
        }
        insert_head(pH, p);
    }
```

原链表中第一个有效节点逆序后就成了尾节点，它的 pNext 指针指向 NULL，需要区别对待。

pBack 指针的作用是，在把当前遍历到的节点头插入到新的链表之前，保存下一个节点的地址，否则在当前节点插入新链表后，下一个节点的地址就丢失了。

在遍历到最后一个节点的时候，尾节点是不满足 while 循环条件的，因此要在循环结束后手动将尾节点头插到新链表中去。

9.8.4 数据结构与算法的关系

简单来说，当我们对一个数据结构进行操作的时候，就需要一套算法，这就是数据结构和算法的关系。

为什么要有数据结构呢？因为我们要描述、存储、记录、查找一些数据，所以我们要有数据结构对这些数据进行组织。为什么要有算法呢？因为有了数据结构之后要对这些数据结构进行一些操作，操作就必须要有算法。所以说算法是围绕数据结构而生的。

算法有两个层次：第一是数学和逻辑上的算法；第二是用编程语言来实现算法。

要做到第二个层次就必须先有第一个层次，如果设计算法时根本没有思路，就算 C 语言功底再好也写不出来算法。即使有了思路也必须有一定的编程能力才能完成算法。就好像武侠小说一样，要练成绝世武功必须有结实的身体和武功秘籍。所以在设计算法的时候也要分为两步，先在数学和逻辑上搞清楚实现这个算法需要哪些步骤，然后再将实现算法的步骤用编程语言呈现出来。

9.9 双链表的引入和基本实现

9.9.1 单链表的优缺点

在引入双链表之前，我们先来分析一下单链表的优点和缺点，从而得出双链表的优点及其存在的必要性。

- **优点**

单链表是对数组的一个扩展，解决了数组大小不容易扩展、不容易插入元素的问题。使用堆内存来存储数据，将数据分散到各个节点之间，使其各个节点在内存中可以不相连，有利于利用碎片化的内存。

- **缺点**

单链表的各个节点之间只有一个指针单向连接，这样实现有一些局限性。主要体现在链表只能经由指针单向移动（一旦指针移动过某个节点就无法再返回来，如果想要再次操作这个节点，只能从头指针再次遍历一次），单链表的某些操作算法就会有一些局限性，缺少灵活性。如下图所示。该链表通过指针 p 来访问节点，通过 p = p->pNext 来移动到下一个节点，但是无法通过指针 p 来访问当前节点的前一个节点。

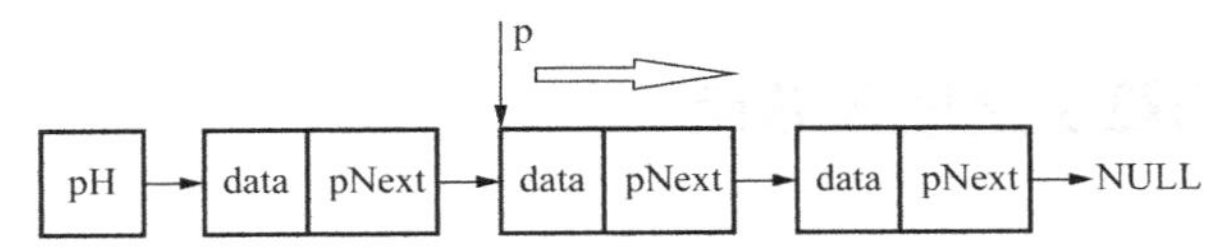

单链表的单向移动性导致我们在操作链表时访问的当前节点只能向后移动，而不能向前移动，因此不利于实现更加复杂的算法。由此也就有了双链表。

9.9.2 双链表的结构

首先我们要明白双链表并不是有两条链的链表，而是有两个遍历方向的链表，因此我们所说的双链表其实是双向链表的简称。

先从节点的结构开始分析。

```
单链表节点 = 有效数据 + 指针（指针指向后一个节点）
双链表节点 = 有效数据 + 两个指针（分别指向前一个节点和后一个节点）
```

下面的图可以帮助我们理解双链表的结构。

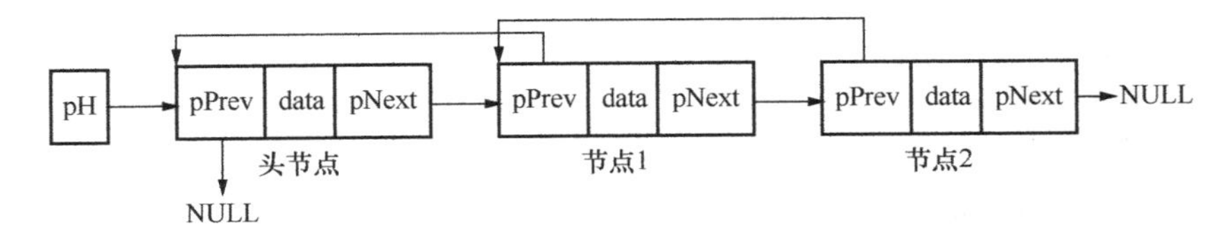

图中的每一个节点都有一个有效数据和两个指针（前向指针 pPrev 和后向指针 pNext），分别指向该节点的前一个节点和后一个节点。头节点的 pPrev 和尾节点的 pNext 都指向 NULL。

相信此时来构建一个双链表的节点已经不是什么难事了。

```
struct node
{
        int data;
        struct node *pPrev;
        struct node *pNext;
};

struct node *create_node(int data)        // 创建一个节点
{
        struct node *p = (struct node *)malloc(sizeof(struct node));
        if (NULL == p)
        {
            printf("malloc error.\n");
            return NULL;
        }
        p->data = data;
        p->pPrev = NULL;
        p->pNext = NULL;                      // 默认创建的节点的前向后向指针都指向 NULL

        return p;
}
```

9.10 双链表的算法之插入节点

9.10.1 尾部插入

和单链表一样，让我们先来编写一个尾部插入的函数，并以此来构建一个由 3 个节点构成的简单的双链表。

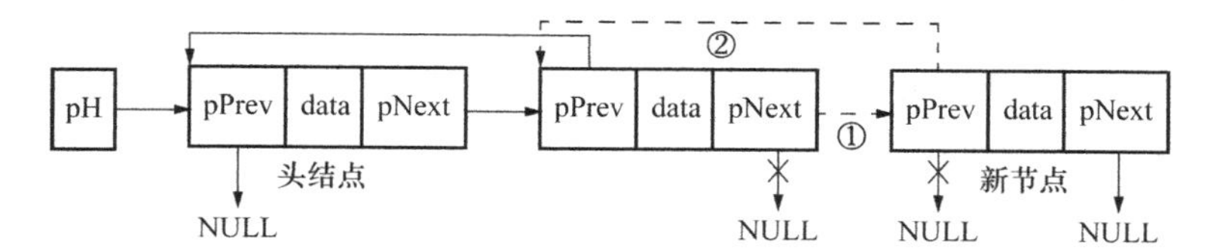

从上面这张图中可以简单地看出将一个新节点插入到一个链表的尾部的大概步骤，让我们结合上图和下面的伪代码，来理解尾部插入的过程。整个过程和单链表的尾部插入是差不多的。

```
insert_tail(待插入的链表，新节点)
{
        第一步:
        找到链表的尾节点
        第二步:
        将新节点接到链表的尾节点后面成为新的尾节点
            (1) 原来的尾节点的 pNext 指针指向新节点首地址
```

```
        （2）新节点的 pPrev 指针指向原来的尾节点的首地址
}
```

源代码如下所示。

```
void insert_tail(struct node *pH, struct node *new)
{
    // 第一步：找到链表的尾节点
    struct node *p = pH;
    while (NULL != p->pNext)
    {
        p = p->pNext;
    }
    // 第二步：将新节点插入到原来的尾节点的后面
    p->pNext = new;
    new->pPrev = p;
}
```

9.10.2 头部插入

双链表的头部插入要考虑的指针有四个：头节点的 pNext、新节点的 pPrev 和 pNext、原来的第一个节点的 pPrev。和单链表的头部插入一样，在改变指针的指向时也需要特别注意顺序的问题。还是先看图吧，它帮助我们梳理清楚头部插入的具体步骤以及顺序。

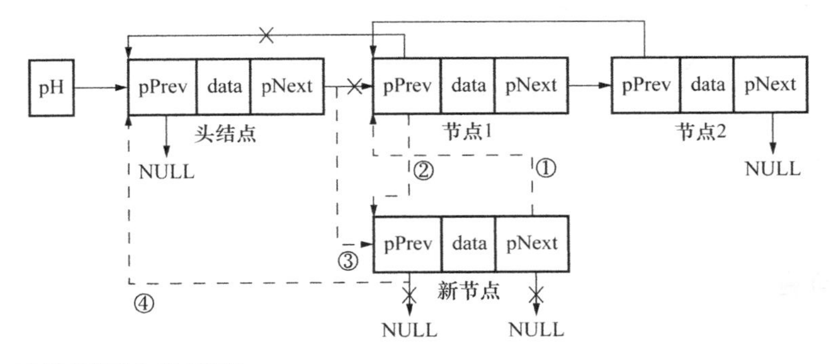

来写代码吧，就按照图中的顺序。

```
void insert_head(struct node *pH, struct node *new)
{
    new->pNext = pH->pNext;      // (1) 新节点的 next 指针指
                                 // 向原来的节点 1 的地址

    if (NULL != pH->pNext)       // (2) 节点 1 的 prev 指针指向新节点地址
        pH->pNext->pPrev = new;

    pH->pNext = new;             // (3) 头节点的 next 指针指向新节点地址

    new->pPrev = pH;             // (4) 新节点的 prev 指针指向头节点的地址
}
```

值得注意的是第二步，当链表只有一个头节点时就不能做这一步。如果代码中没有这条 if 语句作为判断，当链表只有一个头节点时，调用 insert_head() 函数就会引发内存错误。

9.11 双链表的算法之遍历

双链表是单链表的超集，双链表中如果完全无视 pPrev 指针，那么双链表就变成了单链表，因此双链表的正向遍历和单链表的遍历是完全一样的。双链表中包含了 pPrev 指针，因此它还可以反向遍历，即从链表的尾节点开始向前遍历，直到头节点为止。

9.11.1 正向遍历

因为正向遍历和单链表的相同，这里就不再赘述遍历过程，只需要注意下面的代码把链表的尾节点的地址作为了它的返回值即可，在后面我们就可以用该返回值进行逆向遍历。

```
struct node * list_for_each(struct node *pH)
{
        struct node *p = pH;

        if (NULL == p)
        {
            return NULL;
        }

        while (NULL != p->pNext)
        {
            p = p->pNext;
            printf("data = %d.\n", p->data);
        }
        return p;
}
```

9.11.2 逆向遍历

```
#include <stdio.h>
#include <stdlib.h>
struct node
{
        int data;
        struct node *pPrev;
        struct node *pNext;
};
struct node * list_for_each(struct node *pH);
void list_for_each_reverse(struct node *pTail)
{
        struct node *p = pTail;

        while (NULL != p->pPrev)
        {
            printf("data = %d.\n", p->data);
            p = p->pPrev;
        }
```

```
    }

    int main(void)
    {
        struct node *pHeader = create_node(0);
        insert_tail(pHeader, create_node(11));
        insert_tail(pHeader, create_node(12));
        insert_tail(pHeader, create_node(13));

        printf("正向遍历:\n");
        struct node *pTail = list_for_each(pHeader);
        printf("逆向遍历:\n");
        list_for_each_reverse(pTail);
        return 0;
    }
```

在上面的代码中，list_for_each_reverse() 函数接受一个尾节点的指针作为参数，进行逆向遍历，逻辑和正向遍历差不多，通过 p = p->pPrev 来向前移动，依次访问节点。main 函数创建了一个包含三个有效节点的链表，然后正向、逆向遍历。

9.12 双链表的算法之删除节点

和单链表的删除一样，双链表的删除节点也是分为两步：找到要删除的节点；删除找到的节点。双链表和单链表找到要删除的节点的过程是一样的，它们都是一个遍历的过程。和单链表不同的是删除找到的节点的步骤。

如果要删除的节点是尾节点，如下所示。

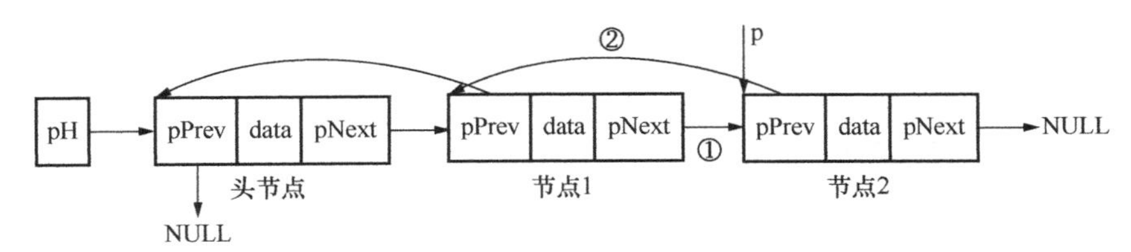

这种情况下要删除尾节点，需要断开 ❶ 和 ❷ 这两条链接，然后释放 free(p) 就完成了尾节点的删除。用 p->pPrev->pNext = NULL; 这条语句就断开了图中的链接 ❶。用 p->pPrev = NULL 这条语句可以断开图中的链接 ❷，但是因为最终是要释放掉尾节点的，所以第二条语句可以省略。

要删除的节点不是尾节点，如下所示。

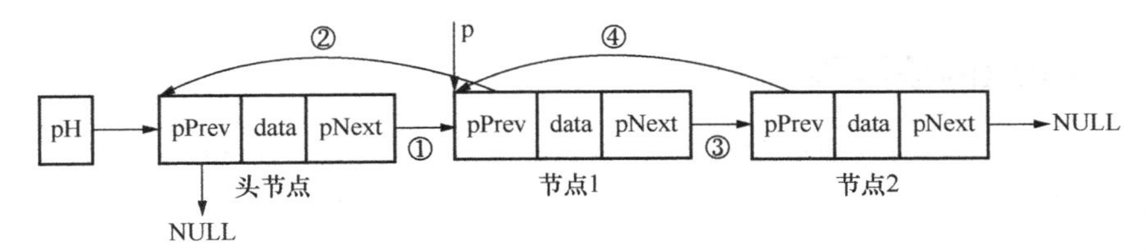

这种情况要删除节点 1 就需要断开 ❶、❷、❸、❹ 这四条指针的链接，然后释放 free(p)。和上面一样，来看看如何断开以及重新连接这四条指针链接。

❶ p->pPrev->pNext = p->pNext　　前一个节点的 pNext 指向后一个节点的首地址。

❷ p->pPrev = NULL　断开连接 2。

❸ p->pNext = NULL　断开连接 3。

❹ p->pNext->pPrev = p->pPrev　　后一个节点的 pPrev 指向前一个节点的首地址。

同样是因为最终要释放 free(p)，所以第 2 步和第 3 步可以省略。

好了，思路分析清楚了，就来看具体的代码实现吧。

```
int delete_node(struct node *pH, int data)
{
        struct node *p = pH;
        if (NULL == p)
            return -1;

        while (NULL != p->pNext)
        {
            p = p->pNext;

            if (p->data == data)                    // 找到了要删除的节点
            {
                if (NULL == p->pNext)               // 尾节点
                {
                    p->pPrev->pNext = NULL;
                }
                else                                // 不是尾节点
                {
                    p->pPrev->pNext = p->pNext;
                    p->pNext->pPrev = p->pPrev;
                }
                free(p);

                return 0;
            }
        }
        printf(" 未找到要删除的节点 .\n");
        return -1;
}
```

双链表的删除算法与单链表的相比，双链表的要更加简单，因为双链表可以很容易地访问当前节点的前一个节点和后一个节点，所以双链表才是更为常用的链表。

9.13 Linux内核链表

Linux 内核中有很多经典的数据结构，链表就算其中之一。Linux 内核中使用了大量的链表来组织其数据，其采用了双向链表作为基本的数据结构。Linux 链表同样具有链表的共同属性：第一，链表都是由节点组成的；第二，链表的节点和节点之间是由指针进行链接的。但是 Linux 链表与我们在传统的数据结构中所学的双向链表又有着一些不同（其不包含数据域）。

其主要是 Linux 内核链表在设计时给出了一种抽象的定义。

采用这种定义有以下两种好处：一是可扩展性，二是封装。可扩展性指的是内核是在发展中的，所以代码都不能写成死代码，要方便修改和追加。而将链表常见的操作进行封装，使用者可以只关注接口，不需关注具体如何实现。

为什么要分析和学习内核链表？我们可以将其复用到用户态编程中，以后在用户态下编程就不需要写一些关于链表的代码了，可以直接将内核中 list.h 中的代码拷贝过来用。下面我们通过分析传统链表的局限性引出内核链表的讲解。

9.13.1 前述链表数据区域的局限性

我们讲解单链表时，发现由于只含有一个后向指针，不能前向移动，于是我们引出了双向链表。双链表可以实现前向和后向的移动，操作更为便利。然而它依然有局限性。前面我们讲链表时，为了简便起见，结构体的数据区域都是以整型数据 int data 为例的。然而在实际编程中，链表中的节点数据不可能这么简单。数据区域的大小和类型也是因实际需求不同而多种多样的。

一般实际项目中的链表，为了方便管理，节点中存储的数据其实是一个结构体，这个结构体中包含若干的成员，这些成员加起来构成了我们的节点数据区域。

9.13.2 解决思路：数据区的结构体的封装由用户实现，通用部分通过调用函数实现

由于实际情况对节点内部数据区域的需求（大小和类型等）各不相同，从而由节点构造的链表也是多种多样的，这导致了不同程序中链表的总体构成是多种多样的。这给我们构建底层内核链表的通用操作函数带来了麻烦——我们无法通过一个泛性的、普遍适用的操作函数来访问所有的链表。这就意味着我们每设计一个链表就得单独写一套链表的操作函数（节点创建、插入、删除、遍历），这显然降低了代码的可重用性。

那么我们能否找到一种对链表操作的通用性方法，来实现对现实问题中用到多种多样的链表的操作呢？正如前面所述，Linux 链表同样具有链表的共同属性，虽然不同问题所需的链表操作代码不能通用，需要单独编写，但是内部的思路和方法是相同的，只是函数中与实际问题相对应的局部数据区域有所不同（实际上链表操作是相同的，而涉及数据区域的操作就有所不同）。

鉴于以上两点，我们能不能找到一种办法把所有链表中操作方法里共同的部分提取出来，用一套标准方法实现？然后把不同的部分留着让具体链表的实现者自己去处理，通用的部分则通过调用函数的方式来实现。

9.13.3 内核链表的设计思路

Linux 内核就是采用了以上的思路来实现的。内核链表中自己实现了一个纯链表（纯链表就是没有数据区域，只有前后向指针）的封装，以及纯链表的各种操作函数（创建节点函数、插入节点函数、删除节点函数、遍历节点函数，等等）。这个纯链表本身没法直接使用，它类似于一个半成品，作为核心提供给我们调用来实现自己的具体链表。

内核链表是一个双向链表，但是与普通的双向链表又有所区别。内核链表中的链表元素不与特定类型相关，具有通用性。以下为普通链表与内核链表区别的示意图。

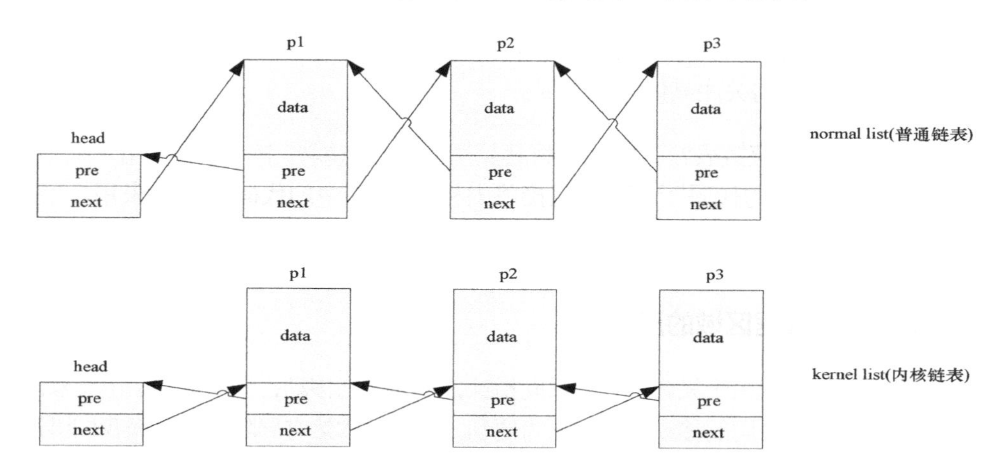

普通链表与内核链表的比较

normal list 展示的是普通链表的结构，kernel list 展示的是内核链表的结构。head 是链表头，p1、p2 和 p3 是链表节点。从图中可以看出，普通链表的 p1 的 next 指针指向的是结构体 p2 的地址，p2 的 pre 指针指向 p1 结构体的地址。而内核链表的 p1 的 next 指针指向的是 p2 结构体中包含 pre 和 next 部分的地址，p2 的 pre 指针指向的是 p1 结构体中包含 pre 和 next 部分的地址。依此类推，这就是区别。内核数据区域的结构不与特定类型结构相关，任何结构体都可通过内核的添加成为链表中的节点。

9.13.4 list.h文件简介

内核中核心纯链表的实现在 include/linux/list.h 文件中。

list.h 中就是一个纯链表的完整封装，包含节点定义和各种链表操作方法。

❶ 首先看到的是下面这段代码，这段代码是宏定义与用大括号 {} 对结构体成员赋值的结合，作用是将 list_head 类型的结构体 name 的两个成员变量初始化为该结构体的首地址。

```
#define LIST_HEAD_INIT(name) { &(name), &(name) }
#define LIST_HEAD(name) \
struct list_head name = LIST_HEAD_INIT(name)
```

❷ 下面代码为结构体初始化函数，初始化结构体 list 指向自己本身。

```
static inline void INIT_LIST_HEAD(struct list_head *list)
{
       list->next = list;
       list->prev = list;
}
```

对于 ❶ 结构体赋值和 ❷ 结构体初始化来说，最终的效果是一样的，都是将一个 struct list_head 类型变量成员指向自己本身。

小知识：内联函数 inline

在 c 中，为了解决一些频繁调用的小函数大量消耗栈空间（栈内存）的问题，特别的引入了 inline 修饰符，表示为内联函数。内联函数使用 inline 关键字定义，并且函数体和声明必须结合在一起，否则编译器将它作为普通函数对待。

```
inline void function(int x);    // 仅仅是声明函数，没有任何效果
inline void function(int x)     // 正确
{
return x;
}
```

❸ 增加节点代码。增加节点有两种方式：头插法和尾插法。

我们可以调用这两个接口。

```
static inline void list_add(struct list_head *new, struct list_head *head);
static inline void list_add_tail(struct list_head *new, struct list_head *head);
```

- **头插法**

```
static inline void list_add(struct list_head *new, struct list_head *head)
{
        __list_add(new, head, head->next);
}
```

- **尾插法**

```
static inline void list_add_tail(struct list_head *new, struct list_head *head)
{
        __list_add(new, head->prev, head);
}
```

注意：以 __ 开头的函数一般为内核本身调用的函数，非用户调用之用。

真正的实现插入如下所示。

```
    static inline void __list_add(struct list_head *new,struct list_head
*prev,struct  list_head *next)
    {
        next->prev = new;
        new->next = next;
        new->prev = prev;
        prev->next = new;
    }
```

__list_add(new, prev, next) 表示在 prev 和 next 之间添加一个新的节点 new，所以对于 list_add() 中的 __list_add(new, head, head->next) 表示在 head 和 head->next 之间加入一个新的节

点，是头插法。

对于 list_add_tail() 中的 __list_add(new, head->prev, head)，表示在 head->prev（双向循环链表的最后一个节点）和 head 之间添加一个新的节点。

以上为简单分析内核链表代码，具体问题用到时随时查看即可。

9.14 内核链表的基本算法和使用简介

9.14.1 内核链表的常用操作

- **链表的定义**

```
struct list_head
{
struct list_head *next, *prev;
}
```

这个不含数据域的链表，可以嵌入到任何数据结构中，例如可按如下方式定义含有数据域的链表：

```
struct my_list
{
        void * mydata;
        struct list_head list;
} ;
```

- **链表的声明和初始化宏**

struct list_head 只定义了链表节点，并没有专门定义链表头。那么一个链表节点是如何建立起来的?

内核代码 list.h 中定义了两个宏。

```
#defind LIST_HEAD_INIT(name)  { &(name), &(name) } // 仅初始化
#defind  LIST_HEAD(name) struct list_head name= LIST_HEAD_INIT(name)
// 声明并初始化
```

如果要声明并初始化链表头 mylist_head，则直接调用 LIST_HEAD(mylist_head) 之后，mylist_head 的 next、prev 指针都初始化为指向自己。这样，就有了一个带头节点的空链表。

判断链表是否为空的函数，如下所示。

```
static inline int list_empty(const struct list_head * head)
{
      return head->next ==  head;
} // 返回 1 表示链表为空，0 表示不空
```

- **在链表中增加一个结点（内核代码中，函数名前加两个下划线表示内部函数）**

```
static inline void  __list_add(struct list_head *new, struct list_head *prev,
struct list_head *next)
{
      next -> prev = new ;
      new -> next = next ;
      new -> prev = prev ;
      prev -> next = new ;
}
```

list.h 中增加结点的两个函数为如下所示。

```
static inline void list_add(struct list_head *new, struct List_head *head)
{
      __list_add(new, head, head -> next) ;
}
      static inline void list_add_tail(struct list_head *new, struct list_head *head)
      {
      __list_add(new, head -> prev, head) ;
}
```

- **遍历链表**

list.h 中定义了如下遍历链表的宏。

```
#define list_for_each(pos, head) \
    for(pos = (head)-> next ;  pos != (head) ;pos = pos -> next)
```

这种遍历仅仅是找到一个个节点的当前位置，那如何通过 pos 获得起始节点的地址，从而可以引用节点的域？ list.h 中定义了 list_entry 宏。

```
#define list_entry( ptr, type, member )   \
   ( (type *) ( (char *) (ptr)  - (unsigned long) ( &( (type *)0 )  ->  member ) ) )
```

分析：(unsigned long) (&((type *)0)->member) 把 0 地址转化为 type 结构的指针，然后获取该结构中 member 域的指针，也就是获得了 member 在 type 结构中的偏移量。其中 (char *) (ptr) 求出的是 ptr 的绝对地址，二者相减，于是得到 type 类型结构体的起始地址，即起始节点的地址。

9.14.2 内核链表的使用实践

内核链表只有纯链表，没有数据区域，怎么使用呢？方法是将内核链表作为将来整个数据结构的结构体的一个成员内嵌进去。

我们通过代码举例来对比普通链表与内核链表，以管理设备驱动的链表为例。

```
struct driver_info
{
      int data;
};
```

driver_info 结构体类型定义了设备的驱动信息，下面 driver_n 和 driver_k 结构体类型分别模拟普通链表和内核链表中的节点。

```
struct driver_n
{
      char name[20];                          // 驱动名称
      int id;                                 // 驱动 id 编号
      struct driver_info info;                // 驱动信息
      struct driver_n *prev;
      struct driver_n *next;
};
struct driver_k
{
      char name[20];                          // 驱动名称
      int id;                                 // 驱动 id 编号
      struct driver_info info;                // 驱动信息
      struct list_head head;                  // 内嵌的内核链表成员
};
```

比较结构体类型 driver_n 和 driver_k 的异同，发现前三个成员相同，都是数据区域成员（对应我们之前简化为 int data 的东西）。不同之处在于后面部分，driver_n 中用自定义的结构体指针来构造链表，而 driver_k 用一个 struct list_head 类型的变量来构造链表。driver_k 内嵌的 head 成员本身就是一个纯链表，所以 driver_k 通过 head 成员给自己扩展了链表的功能。driver_k 通过内嵌的方式扩展链表成员，本身不只是有了一个链表成员，更关键的是，可以通过利用 list_head 本身事先实现的链表的各种操作方法来操作 head。因此，可以通过遍历 head 来实现 driver_k 的遍历。遍历 head 的函数在 list.h 中已经事先写好了，所以我们到内核中去遍历 driver_k 时就不用重复去写了。

通过操作 head 来操作 driver_k 类型的节点，实质上就是通过操作结构体的某个成员变量来操作整个结构体变量，这是借助 container_of 宏来实现的。

到此为止我们做个小结，普通链表由于自定义结构体指针，必然也需要自定义操作链表的函数，降低了效率和通用性；而内核链表则抓住了链表的共性，通过一个纯链表以及在纯链表基础上编写的链表操作函数来实现链表数据的操作，提高了效率和通用性。

9.15 什么是状态机

状态机理论最初的发展是在数字电路设计领域。状态机特别适合描述那些有先后顺序，或者有逻辑规律的事情。状态机的本质就是对具有逻辑顺序或时序规律事件的一种描述方法。状态机通过响应一系列事件而运行。每个事件都在属于“当前”节点的转移函数的控制范围内，其中函数的范围是节点的一个子集。函数返回“下一个”节点。这些节点中至少有一个是终态。当到达终态，状态机停止运行。

9.15.1 有限状态机

常说的状态机是有限状态机 FSM。FSM 指的是有有限个状态（一般是一个状态变量的值），这个机器同时能够从外部接收信号和信息输入，机器在接收到外部输入的信号后会综合考虑当前自己的状态和用户输入的信息，然后机器做出动作：跳转到另一个状态。

考虑状态机的关键点：当前状态、外部输入和下一个状态。

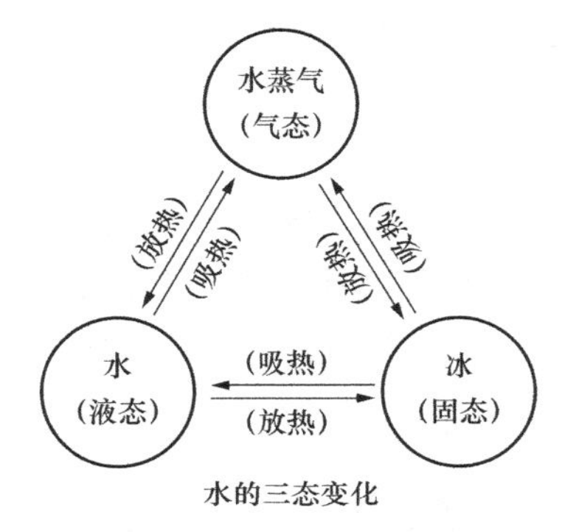

水的三态变化

以我们熟悉的水的三态变化为例，已知当前状态和输入条件，下一状态是确定的。两个不同的状态，即使输入条件相同，下一状态一般不会相同。

9.15.2 两种状态机：Moore型和Mealy型

Moore 型状态机特点是，输出只与当前状态有关（与输入信号无关），即可以把 Moore 型有限状态的输出看成是当前状态的函数。Moore 型状态机相对简单，考虑状态机的下一个状态时只需要考虑它的当前状态就行了。

Mealy 型状态机的特点是，输出不只和当前状态有关，还与输入信号有关。状态机接收到一个输入信号需要跳转到下一个状态时，状态机综合考虑两个条件（当前状态、输入值）后才决定跳转到哪个状态。

下面举一个 Mealy 型状态机的例子，学过数字电路的同学可能比较熟悉。

有这样一个序列检测器电路，功能是检测出串行输入数据（用 Sin 表示）中的 4 位二进制序列 0101(自左至右输入)，当检测到该序列时，输出 Out=1；没有检测到该序列时，输出 Out=0(注意考虑序列重叠的可能性，如 010101，相当于出现两个 0101 序列)。

经过分析，首先由于输出不仅和状态有关，而且和输入有关系，可以确定采用 Mealy 型状态机。该电路在连续收到信号 0101 时，输出 Out 为 1，其他情况下输出 Out 为 0。在状态图中大圆表示状态，用连接两个大圆的箭头表示转换过程，箭头旁边的第一个数字表示输入，斜杠 / 后面的数字表示输出。

其次，确定状态机的状态图，该电路必须能记忆所收到的输入数据 0、连续收到前两个数据

01… 可见至少要四个状态，分别用 S1、S2、S3 和 S4，再加上电路初始态 S0。根据要求可以画出状态图，如下所示。

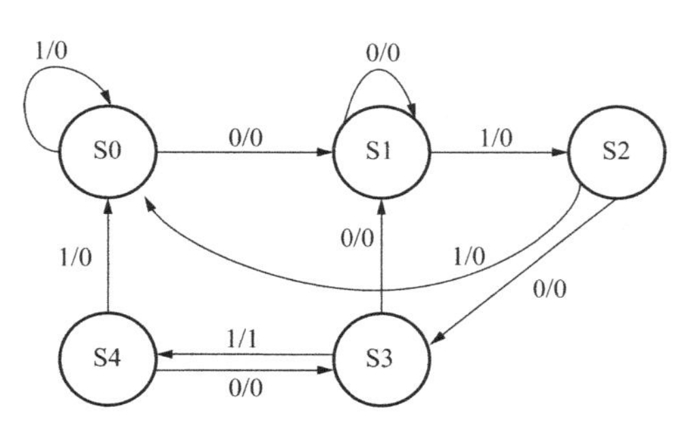

序列检测器电路状态机的状态图

观察该图可以看出，当状态机处于 S2、S4 的时候，如果输入 Sin = 1，则电路会转移到相同的次态 S0；如果输入 Sin = 0，则电路会转移到相同的次态 S3，且两种情况下输出 Out 都为 0。所以，S2、S4 为等价状态，可用 S2 代替 S4，于是得到简化的状态图。

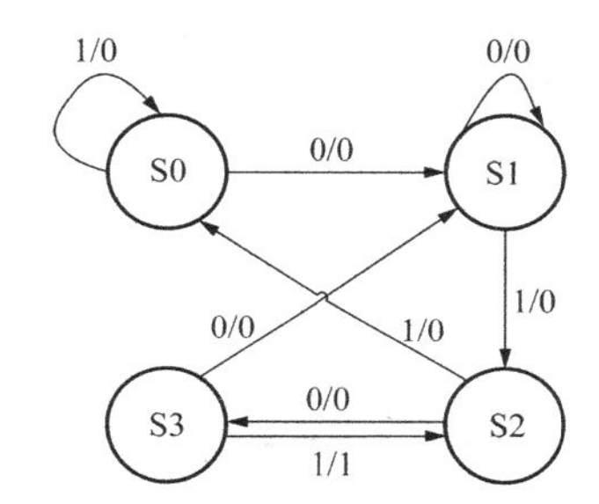

序列检测器电路状态机的简化后状态图

9.15.3 状态机的主要用途

❶ 电路设计中广泛使用了状态机思想。

❷ FPGA 程序设计。

❸ 软件设计（框架类型的设计，如操作系统的 GUI 系统、消息机制）。

9.15.4 状态机解决了什么问题

传统应用程序的控制流程基本是顺序的，遵循事先设定的逻辑，从头到尾地执行。很少有事件能改变标准执行流程，而且这些事件主要涉及异常情况，例如单片机里面的中断。“命令行实用程序”如 cd、pwd 等，是这种传统应用程序的典型例子。

另一类应用程序由外部发生的事件来驱动——换言之，事件在应用程序之外生成，无法由应用程序或程序员来控制。具体需要执行的代码取决于接收到的事件，或者它相对于其他事件的抵达时间。所以，控制流程既不能是顺序的，也不能是事先设定好的，因为它要依赖于外部事件。事件驱动的 GUI 应用程序是这种应用程序的典型例子，它们由命令和选择（也就是用户造成的事件）来驱动。

9.16 用C语言实现简单的状态机

9.16.1 题目：开锁状态机

功能描述：用户连续输入正确的密码则会开锁；如果密码输入错误。则会退回到初始状态，要求重新输入密码，即用户只需要连续输入正确的密码即可开锁（输入错误不用撤销、也不用删除）。

9.16.2 题目分析

我们平时写的程序都是顺序执行的，这种程序有个特点：程序的大体执行流程是既定的，程序的执行遵照一定的方向有迹可寻。但是偶尔会碰到这样的程序：外部不一定会按照既定流程来给程序输入信息，而程序还需要能够完全接收并响应外部的这些输入信号，还要能做出符合逻辑的输出。

用状态机来实现密码锁，相当于密码序列一旦输错，需要全部删除后重新输入。即用户输错引起状态机将锁置为初始状态，用户下一次输入作为下一组密码的起始部分。

假设密码序列为 N1N2N3N4N5N6，流程图如下所示。

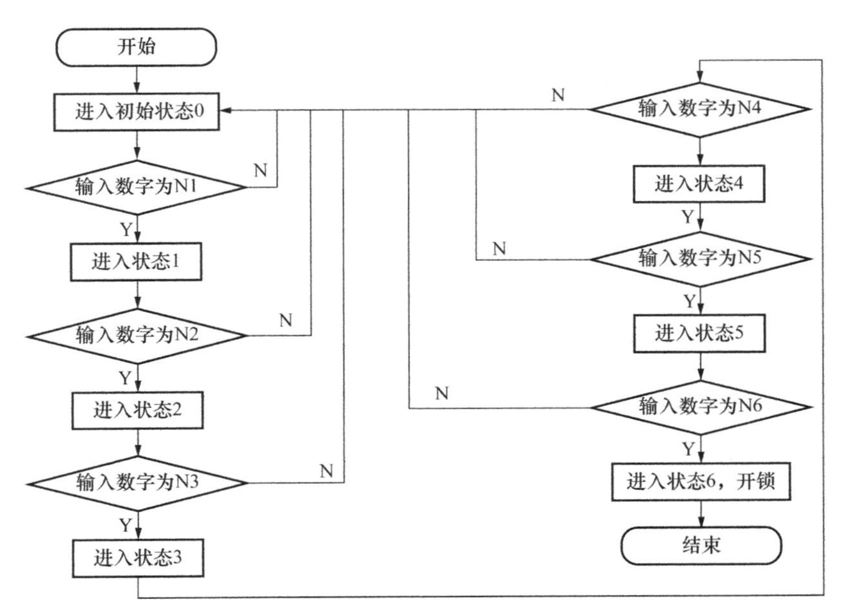

流程图转换为代码，如下所示。以下代码中，N1N2N3N4N5N6 对应的密码序列为 123456。

```
#include <stdio.h>
// 给状态机定义状态集
typedef enum
{
	STATE0,
```

第09章

```
	STATE1,
	STATE2,
	STATE3,
	STATE4,
	STATE5,
	STATE6,
}STATE;
// 利用枚举类型来表达状态机的所有可能状态。具体到本题目，即开锁已经到哪一步或者该执行哪一步
int main(void)
{
	int num = 0;
	// current_state 记录状态机的当前状态，初始为 STATE0
	// 用户每输入一个正确的
	// 密码，STATE 就走一步，直到 STATE 为 STATE6 后，锁就开了
	// 其中只要有一次用户
	// 输入对不上，就回到 STATE0

	STATE current_state = STATE0;// 状态机初始状态为 STATE0

	// 第一步：实现一个用户循环输入密码的循环
	printf("请输入密码，密码正确开锁 .\n");
	while (1)
	{
		scanf("%d", &num);
		printf("num = %d.\n", num);          // 提示信息，在这里处理用
		                                     // 户的本次输入
		switch (current_state)
		{
		case STATE0:
			if (num == 1)
			{
				current_state = STATE1;      // 用户输入对了一步
				                             // STATE 走一步
			}
			else
			{
				current_state = STATE0;
			}
			break;
		case STATE1:
			if (num == 2)
			{
				current_state = STATE2;      // 用户输入对了一步
				                             // STATE 走一步
			}
			else
			{
				current_state = STATE0;
			}
			break;
		case STATE2:
			if (num == 3)
			{
				current_state = STATE3;      // 用户输入对了一步
				                             // STATE 走一步
			}
			else
			{
```

```
                current_state = STATE0;
            }
            break;
        case STATE3:
            if (num == 4)
            {
                current_state = STATE4;        // 用户输入对了一步
                                               // STATE 走一步
            }
            else
            {
                current_state = STATE0;
            }
            break;
        case STATE4:
            if (num == 5)
            {
                current_state = STATE5;        // 用户输入对了一步
                                               // STATE 走一步
            }
            else
            {
                current_state = STATE0;
            }
            break;
        case STATE5:
            if (num == 6)
            {
                current_state = STATE6;
                printf("锁开了.\n");            // 到达 STATE6，输出
                                               // 开锁提示信息
                break;
            }
            else
            {
                current_state = STATE0;
            }
            break;
        default:
            current_state = STATE0;
        }
    }
    return 0;
}
```

编译后执行代码，只有输入 1↲2↲3↲4↲5↲6↲才能正常开锁，否则任何一步输错，将回到状态 0，必须重新输入正确的密码序列才可以解锁。

9.17 多线程简介

9.17.1 操作系统下的并行执行机制

所谓并行，就是说多个任务同时被执行。并行分微观上的并行和宏观上的并行。宏观上的并行就是从长时间段（以人感受到的宏观时间概念）来看，多个任务是同时进行的；微观上的

并行就是真的在并行执行。

操作系统要求实现宏观上的并行。宏观上的并行有两种情况：第一种是微观上的串行；第二种是微观上的并行。理论上来说，单核 CPU 本身只有一个核心，同时只能执行一条指令，这种 CPU 只能实现宏观上的并行，微观上一定是串行的。微观上的并行需要多核心 CPU，多核 CPU 中的多个核心可以同时微观上执行多个指令，因此可以达到微观上的并行，从而提升宏观上的并行度。

9.17.2 进程和线程的区别和联系

进程（process）和线程（thread）是操作系统的基本概念，但是它们比较抽象，不容易掌握。计算机的核心是 CPU，它承担了所有的计算任务。它就像一座工厂，时刻在运行。

假定工厂的电力有限，一次只能供给一个车间使用。也就是说，一个车间开工的时候，其他车间都必须停工。背后的含义就是，单个 CPU 一次只能运行一个任务。进程就好比工厂的车间，它代表 CPU 所能处理的单个任务。任一时刻，CPU 总是运行一个进程，其他进程处于非运行状态。一个车间里，可以有很多工人，他们协同完成一个任务。线程就好比车间里的工人，一个进程可以包括多个线程。车间的空间是工人们共享的，比如许多房间是每个工人都可以进出的，这象征一个进程的内存空间是共享的，每个线程都可以使用这些共享内存。

进程和线程是操作系统的两种不同的软件技术，目的是实现宏观上的并行（通俗一点就是让多个程序同时在一个机器上运行，达到宏观上看起来并行执行的效果）。

进程和线程在实现并行效果的原理上不同，而且这个差异和操作系统有关。如 Windows 系统中进程和线程差异比较大；在 Linux 系统中进程和线程差异不大（Linux 系统中，线程就是轻量级的进程）。

不管是多进程还是多线程，最终目标都是实现并行执行。

9.17.3 多线程的优势

前些年多进程多一些，近些年多线程开始用得多。

现代操作系统设计时考虑到了多核心 CPU 的优化问题，保证了多线程程序在运行的时候，操作系统会优先将多个线程放在多个核心中分别单独运行。多核心 CPU 给多线程程序提供了完美的运行环境，因此在多核心 CPU 上使用多线程程序有极大的好处。

多线程程序运行时要注意线程之间的同步。

课后题

1. 数据结构反映了数据元素之间的结构关系，链表是一种非顺序存储的线性表，它对于数据元素的插入和删除____。（软考题）

A. 不需要移动节点　　　　B. 不需要改变节点指针

C．只需要移动节点，不改变节点指针　　D．既需要移动节点，又需要改变节点指针

2．下列有关数据存储结构相关的描述，正确的是：____。（软考题）

A．顺序存储方式只能用于存储线性结构
B．顺序存储方式的优点是存储密度，插入、删除运算效率很高
C．链表的每个节点中都包含一个指针
D．队列的存储方式既可以使用顺序方式，也可以是链式方式

3．请自己写一个链表，并且实现增加、删除、遍历和逆序。

4．描述链表操作的过程。

5．描述进程与线程的异同。

6．链表的节点声明如下，请写一些子函数，实现如下各个功能。

```
struct ListNode
{
      int m_nKey;
      ListNode * m_pNext;
}
```

❶ 用于统计链表节点的个数。

❷ 将单链表反转。

❸ 查找单链表的中间结点。

❹ 已知两个单链表 pHead1 和 pHead2 各自有序，把它们合并成一个链表依然有序。

❺ 判断两个单链表是否相交。

第10章 程序员和编译器的暧昧

10.1 引言

语言从低级向高级发展的过程中，编译器所扮演者的角色越来越重要。作为一个合格的程序员，我们必须要对编译器有一定的了解，这样对我们编程来说会有极大的帮助。在某些问题的理解上我们会更加得心应手，出现了 bug 之后，解决起来也更加轻松自如。

编程的工作是如何从当初最原始的二进制编程逐步演变到现在使用高级语言进行编程的呢？在 CPU、编译器和程序员之间到底有着什么样的关系？编译器到底做了些什么样的事情？低级语言与高级语言之间到底有什么区别？我们如何学会像编译器一样思考？都会在这一章里面一一展开，相信学完了这一章后，我们对于编程会有更加深刻的认识。

10.2 编程工作的演进史

10.2.1 CPU与二进制

计算机被发明于 20 世纪 40 年代，它仅仅使用由 0 和 1 组成的二进制序列进行编程。直到今日 CPU 也只认识 0 和 1 而已。那么为什么 CPU 只认二进制？设计的时候为什么不让它直接认识十进制呢？原因是多方面的。

❶ 设计 CPU 时容易实现：用双稳态电路表示二进制数字 0 和 1 是很容易的事情，再多就复杂了。

❷ 可靠性高：二进制中只使用 0 和 1 两个数字，传输和处理时不易出错，从而保障计算机具有很高的可靠性。

❸ 运算规则简单：与十进制数相比，二进制的运算规则要简单得多，这不仅可以简化运算器

的结构，而且有利于优化运算速度。

❹ 其他进制都是由二进制演化而来：十进制能表示的数字，二进制都能表示。有了这几点原因，CUP 当然只用认 0 和 1 就可以了。

为什么人类用的最多的是十进制，而不是二进制呢？首先，人类有十个手指，所以我猜想这是十进制用得最广泛的原因。其次，人脑不擅长进行快速记忆和重复的运算，由于二进位速度非常快，产生的数据位数又比较长，非常不适合人脑计算。而十进制的进位不会太频繁，非常方便人类使用。当然，电脑的发明在弥补人脑的不足外，同时也注定了电脑的思维方式和人脑的思维方式是不相同的。

10.2.2 编程语言的革命

发明程序设计语言之前，编程人员经历了枯燥而漫长的编程工作，因为那时不得不按照计算机的思维进行编程。那个时代的程序员用卡纸打孔来表示 0 和 1 的序列，直接用 0 和 1 进行编程。虽然不需要程序员进行计算了，但是编程的过程仍然枯燥、效率低下，也不利于理解和修改。

这种状态并没有持续太久，大约十年后，汇编语言被发明出来。简而言之，就是通过一系列有意义的字符串，来表示 0 和 1 组成的机器指令。从 0 和 1 的序列到有意义的字符串，这是一个简单的抽象过程，但正是有了这层抽象，人们就可以用接近人类的思维方式去编程，这是人类走向友好的程序设计语言的第一步。在之后的几十年里，更加友好的程序语言被设计出来，如 Fortran、Lips、C、C++、C# 和 Java 等。这些语言较之汇编进行了更高程度的抽象，让编程更加接近于人类的思维。

但是，人类思维编出的程序只是字符串序列，计算机是无法理解的。所以，在人类和计算机之间必须有个“翻译”——将用人类思维编出的程序翻译成 CPU 理解的 0 和 1 的序列。这个“翻译”就是下节将提到的编译器。

10.3 程序员、编译器和CPU之间的三角恋

10.3.1 程序员与CPU的之间的“翻译”——编译器

越是高级的语言，其语法就越是接近人类的思维。程序员之所以可以用高级语言编程，是因为语言处理系统的存在。一个完整的语言处理系统包括：预处理器、编译器、汇编器、链接器 / 加载器。作为语言处理系统中最为关键的环节——编译器，程序员很有必要去了解它。

就像你吩咐一个下属去传达一个重要命令，你就有必要去了解这个下属熟悉的表达方式，从而可以更好地表达你的真正意图。程序员了解编译器，也就是为了清楚地把自己的意图告诉计算机。说得更明白一点，理解一门语言的编译器有助于透彻理解这门语言的语法。如果还想更深层次地探究编程，你可能就需要研究 CPU 本身。

10.3.2 高级语言与低级语言的差别

越高级的语言，抽象层次越高，越靠近人类思维；越低级的语言，抽象层次越低，越接近 CPU 的思维。程序员与编译器遵循“总劳动量守恒”，编程语言越高级，程序员使用起来越简单，但编译器的设计就会更复杂，CPU 执行程序的效率越低。反之，编程语言越低级，程序员使用起来越麻烦，而编译器的设计越简单，CPU 执行效率越高。不过现代的编译器包含了提高生成代码性能的技术，弥补了一些高级语言因为高层次抽象带来的低效率。

当选择一门语言来解决问题时，除了需要考虑语言的特性以外，往往还需要考虑“开发效率”和“运行效率”。某些功能注重运行效率，可能需要使用低级语言如汇编去完成；有的功能注重开发效率，可能需要使用高级语言如 C# 去完成。很多大型的程序如 QQ，都是由多种语言混合编写的。

10.4 像编译器一样思考吧——理论篇

10.4.1 编译器的结构

前面说过，编译器是语言处理系统中的一个重要部分，而编译器的工作也由多个步骤组成。

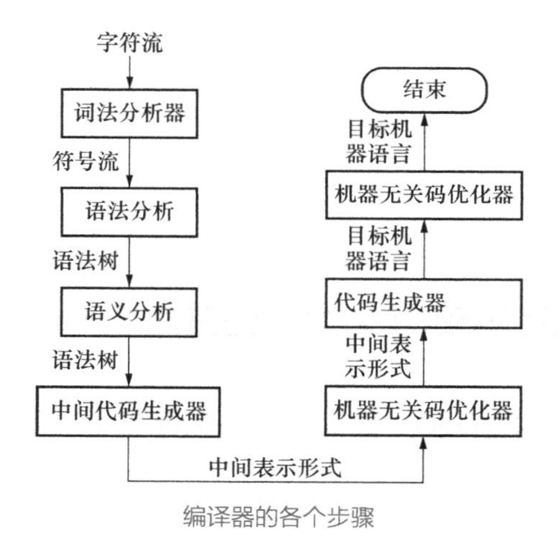

编译器的各个步骤

本小节不会逐个研究编译器的每个步骤（想了解编译器具体实现原理的同学，可以阅读编译领域的书如《编译原理》），只会给读者一个研究的方向。当读者对一段代码的执行结果无法理解时，可以借助编译器的各个步骤去想，也许你就能理解了。

10.4.2 语法是什么？语法就是编译器的习性

人们都喜欢“自然”，凡是“自然”的东西都容易被理解。如果我们能像编译器一样思考，很多语法就会变得“自然”，变得容易理解。

首先，CPU 肯定是不认识我们所写的代码，我们写的代码首先会被编译器识别。最开始，我们的代码在编译器眼里也不过是一堆堆字符串，会逐一分析这堆字符串中的关键字、变量和操作符等。代码是无穷的，编译器必须都认识，而编译器本身也是个程序。那编译器这个程序如何识别无穷的程序？因为程序不管怎么变化都必须遵循语法。

很多复杂的表达式，如 (*(void(*)())0)()，能被编译器理解，那么作为程序员的我们没有理由不能理解，只要我们能像编译器一样的思考，不管多么复杂的表达式，我们都能够准确地理解。

10.5 像编译器一样思考吧——实战篇

作为一个合格的程序员，要做的事无非是两件，一是能够通过代码表达自己的想法，二是能够正确的理解他人的代码。

10.5.1 充分地利用语法规则，写出简洁、高效的代码

```
int i;
!!i;
```

分析：叹号 ! 在 C 语言中是逻辑取反的意思，逻辑取反意思就是 0 取反为 1，非 0 的数取反为 0。

如何用 C 语言编程实现：如果一个数 i 是 0，则返回 0；如果不是 0，则返回 1？

一般实现如下所示。

```
if (i == 0){return 0;} else{return 1;}
```

或者可以用三元运算符如下所示。

```
(i==0)?(0):(1)
```

极客式写法如下所示。

```
!!i
```

能充分利用规则的前提是对规则的透彻理解，只有像编译器一样思考，才能认识到规则的本质。这是一个漫长而有意识的积累过程。

10.5.2 复杂表达式理解

- **表达式和语句的关系**

表达式，一般由操作数和操作符组成。

在C语言中，分号;是语句结束的标志，就相当于语文的句号“。”，实际上一个单独的“;”本身就表示一条语句——“空语句”。

表达式和语句形式上的区别：带分号的就是语句；不带分号的即为表达式。

在《Accelerated C++》一书中说道：“当一个表达式后面紧跟一个分号时，就表明系统让我们丢掉这个返回值。”也就是说，表达式从宏观上讲具有两大作用：一是表达式一定会返回一个值（有且只有一个值）；二是整个表达式在计算时产生的变化，这个作用往往被称之为表达式的副作用。

- **编译器思维之“优先级”和“结合律”**

表达式的主要作用就是返回一个值！值具体是多少，就要看表达式的整个运算过程。要理解表达式的运算过程就必须了解优先级和结合律。

之前讲到表达式，一般由操作数和操作符（或者叫做运算符）组成。优先级和结合律都是针对操作数和操作符来分析的。现在就来看张表。

优先级	运算符	名称或含义	使用形式	结合方向	说明
1	[]	中括号	数组名[常量表达式]	左到右	
	()	圆括号	(表达式)/函数名(形参表)		
	.	成员选择（对象）	对象.成员名		
	->	成员选择（指针）	对象指针->成员名		
2	-	负号运算符	-表达式	右到左	单目运算符
	（类型）	强制类型转换	(数据类型)表达式		
	++	自增运算符	++变量名/变量名++		单目运算符
	--	自减运算符	--变量名/变量名--		单目运算符
	*	取值运算符	*指针变量		单目运算符
	&	取地址运算符	&变量名		单目运算符
	!	逻辑非运算符	!表达式		单目运算符
	~	按位取反运算符	~表达式		单目运算符
	sizeof	长度运算符	sizeof(表达式)		
3	/	除	表达式/表达式	左到右	双目运算符
	*	乘	表达式*表达式		双目运算符
	%	余数（取模）	整型表达式/整型表达式		双目运算符
4	+	加	表达式+表达式	左到右	双目运算符
	-	减	表达式-表达式		双目运算符
5	<<	左移	变量<<表达式	左到右	双目运算符
	>>	右移	变量>>表达式		双目运算符

续表

优先级	运算符	名称或含义	使用形式	结合方向	说明
6	>	大于	表达式 > 表达式	左到右	双目运算符
	>=	大于等于	表达式 >= 表达式		双目运算符
	<	小于	表达式 < 表达式		双目运算符
	<=	小于等于	表达式 <= 表达式		双目运算符
7	==	等于	表达式 == 表达式	左到右	双目运算符
	!=	不等于	表达式 != 表达式		双目运算符
8	&	按位与	表达式 & 表达式	左到右	双目运算符
9	^	按位异或	表达式 ^ 表达式	左到右	双目运算符
10	|	按位或	表达式 | 表达式	左到右	双目运算符
11	&&	逻辑与	表达式 && 表达式	左到右	双目运算符
12	||	逻辑或	表达式 || 表达式	左到右	双目运算符
13	?:	条件运算符	表达式 1? 表达式 2: 表达式 3	右到左	三目运算符
14	=	赋值运算符	变量 = 表达式	右到左	
	/=	除后赋值	变量 /= 表达式		
	*=	乘后赋值	变量 *= 表达式		
	%=	取模后赋值	变量 %= 表达式		
	+=	加后赋值	变量 += 表达式		
	-=	减后赋值	变量 -= 表达式		
	<<=	左移后赋值	变量 <<= 表达式		
	>>=	右移后赋值	变量 >>= 表达式		
	&=	按位与后赋值	变量 &= 表达式		
	^=	按位异或后赋值	变量 ^= 表达式		
	|=	按位或后赋值	变量 |= 表达式		
15	,	逗号运算符	表达式 , 表达式 ,…	左到右	从左向右顺序运算

这张表介绍了优先级和结合律，优先级数字越小，优先级越高。在优先级相同的情况下，才会考虑结合律。

注意，上表中结合方向一栏，右到左的意思就是“右结合”，而左到右的意思就是“左结合”。为了很好地理解优先级和结合律，下面举几个有意义的例子。

这几个例子主要从结合律出发，讨论左结合与右结合的特点。

所谓结合，就是多个东西结合一个整体，而成为一个新的东西。当一个操作符是一个左结合且为双目运算符时，它会把它左边的东西整个当作一个整体并与之结合，右边的只认离它最近的一个（右结合与之相反）。

下面是一个 C++ 例子，能很好的理解结合这个概念。

```
(std::cout << "Hello,World!") << std::endl
```

首先，运算符 << 是一个双目运算符，它具有两个操作数，然而这里却使用了两个 << 运算符三个操作数。这是为什么呢?

因为 << 是左结合运算符，所以对于第一个 << 运算符而言，在它的右边它只认 "Hello，World！ "。

而对于第二个 << 运算符而言，它会把它左边的全部当成一个整体，也就是把 (std::cout << "Hello,world!") 当作一个整体，这个整体可以看成一个表达式，它是一个值，它的值就是 std::cout 的值。

如果你对 C++ 不熟悉，我们来看第二个例子。

一个超级简单的表达式，此时你应该有更深的认识：

```
a + b + c
```

首先，此表达式中，操作符都是加号，大家优先级相同，所以转而考虑结合性，+ 是左结合。

所以第一个加号先与 a 结合，并且只认右边和它最近的 b；而对于第二个加号，会把 a+b 当作一个整体，并与之结合，然后只认右边和它最近的 c。结果就是 ((a) + b) + c。

如果前两个例子都不过瘾，我们来看第三个例子。这个例子需要兼而考虑优先级和结合律。

```
(*(( void (*)() )0))()
```

这里操作符有小括号——强制转换符（形式上也是小括号），解引用符、操作数只有一个，就是 0。

我们先从 0 开始看，和 0 最近的是小括号，这个小括号里面是个 void (*)()，这其实是个类型——函数指针类型，用小括号把类型括起来，这个小括号其实是强制转换符。那么 (void (*)())0 这个表达式结合起来，就表示把 0 强制转换为函数指针类型。

再往外又是一个小括号，这个小括弧说明内部是一个结合的整体。此时由于 (void (*)())0 是一个整体而且表示一个函数指针，所以把 (void (*)())0 替换为 p，结果就是 (* p)()，这句话的意思其实就是利用函数指针 p 调用函数。而 p 其实是指向地址 0 的。所以这句表达式的产生的一个作用就是，让程序指针 pc（program counter：程序计数器）跳到地址 0。进一步讨论如果，去掉其中的一层括号：

```
(*( void (*)() )0)()
```

那么一开始有两个操作符针对操作数 0，一个是强制转换符（类型），一个是解引用星号 *。观察上表可知；(类型）和星号 * 的优先级都是 2，优先级相同，而结合性是右结合，简化一下表达式再分析。

```
(*( 类型 )0)()
```

因为是右结合，所以星号 * 会把右边的 (类型)0 当作一个整体，即 (类型) 先和 0 结合，所以就算是 ((*(类型)0))() 中 * 外面的 () 被去掉变成 (*(类型)0)()，其含义也并没有发生变化 。如果你还是搞不清，就加括号，一定不会有错！趁热打铁，我们来看第四个例子。

```
ph->pNext->pNext->pNext->pNext->pNext
```

这种表达式通常是在链表的访问中见到，别看它这么长，其实也就返回一个值，所以不必怕它。ph 是个头指针，箭头 -> 符号从表中得知是左结合，即左边的看成整体，右边的只认一个，那么 ph->pNext 就可以被单独分离出来并且结合到一起成为一个整体。

ph->pNext 看成整体之后，其实就是返回一个指针，即第 0 个节点中存放的指针值！而这个指针指向了第一个节点。所以 ph->pNext 可以用 p1 代替。

剩下的 p1->pNext->pNext->pNext->pNext，如法炮制，就得到 p2->pNext->pNext->pNext。最终就得到 p4->pNext。

如果说 ph 指向第 0 个节点，p4->pNext 最终的结果其实就是第 4 个节点中存放的指针值，指针指向第 5 个节点，这就是整个表达式的结果。下面是最后一个例子作为“饭后甜点”。逗号表达式，形式如下所示。

```
表达式 1，表达式 2
```

首先，逗号表达式，也是个表达式，逗号表达式作为整体也返回一个值！其次，整个逗号表达式的结果为表达式 2 的结果。

可能有的同学要问了，那表达式 1 不是个“打酱油”的？其实，表达式 1 一般是为表达式 2 做个铺垫，如下所示 (从 MFC 截取的一个例子)。

```
if(GetDlgItem(IDC_NUM)->GetWindowText(str),str == “确定”)
```

表达式 1 其实是给 str 赋值，表达式 2 就是一个比较语句，那么 if 只会判断表达式 2 的结果是否为真，而不会理会表达式 1 的返回值。

在使用逗号表达式时，一定要注意优先级的问题，因为逗号的优先级比等号的优先级还要低。

例如 a = 3*5 , a*4，由于逗号的优先级比等号的优先级低，所以 a = 3*5 先结合，算出 a 等于 15，然后 a*4 得到 60。再根据“整个逗号表达式的结果为表达式 2 的结果”，所以整个表达式 (a = 3*5 , a*4) 的结果是 60。

具体测试方法如下所示。

```
int a;
printf("%d",(a = 3*5 , a*4));
```

课后题

1. 若 C 程序中的表达式中引入了未赋初值的变量，则____。（软考题）

   A. 编译时一定会报告错误信息，该程序不能运行
   B. 可以通过编译运行，但是运行时一定会报告异常
   C. 可以通过编译，但链接时一定会报告错误信息但是不一定能够运行
   D. 可以通过编译运行，但是运行的结果不一定是期望的结果

2. 为了提高嵌入式软件的可移植性，应该注意提高软件的____。（软考题）

   A. 使用的方便性　B. 安全性　C. 可靠性　D. 硬件无关性

3. 将高级语言程序翻译为机器语言程序的过程中常引入中间代码，以下关于中间代码的叙述中，错误的是____。（软考题）

   A. 不同的高级语言可以产生一种中间代码
   B. 使用中间代码有利于进行与机器码无关的优化处理
   C. 使用中间代码有利于提高编程程序的一致性
   D. 中间代码与机器语言代码在指令结构上必须一致。

4. 在 ANSIC 中，sizeof(int) 是在____阶段确定占用内存空间的大小。（软考题）

   A. 编辑　B. 编译　C. 链接　D. 运行

5. 为什么计算机会采用二进制？

附 录

答案

第1章 课后题答案

1.

答案：B

分析：计算机的结构可分为冯·诺伊曼结构和哈佛结构。与冯·诺伊曼结构相比，哈佛结构的主要特点是程序和数据具有独立的存储空间，有着各自独立的程序总线和数据总线。由于可以同时对数据和程序进行寻址，哈佛结构大大提高了数据的处理能力，非常适合实时信号的处理。

2.

答案：A

分析：早期的计算机系统结构主要以运算器为中心，包括控制器、存储器以及输入/输出单元，所有输入输出活动都必须经过运算器。存储器中存放有指令以及数据，这种结构被称为冯·诺伊曼结构。对于冯·诺伊曼结构来说，指令和数据都是以二进制存放在同一个存储器上面，计算机中只有一个存储器，由计算机的状态来确定从存储器读出来的是指令还是数据。指令被送往控制器译码，数据送往计算器进行计算，硬件并不对来自存储器的数据或者指令进行判断，软件需要保证正确性。指令按顺序执行，并由一个控制器进行控制，采用一个程序计数器记录指令的地址序列。存储器是一个单元定长的一维线性空间，存储器的地址是一个一维数列，更多的数据结构需要映射到这个一维空间中。使用低级机器语言。

哈佛结构是一种程序指令和数据存储分开的存储器结构。哈佛结构是一种并行体系结构，它的主要特征是将程序和数据存储在不同的存储空间中，每个存储器独立编址、独立访问。与两个存储器相对应的是四条总线：程序的数据总线和地址总线，以及数据的数据总线和地址总线。DSP 常常用于庞大数据的处理，为了能够有效提高数据处理的效率，DSP 基本都是采用哈佛机构进行设计。

3.

答案：A

分析：内存容量为 4GB，即内存单元的地址宽度为 32 位，字长为 32 位，即要求数据总线的宽度为 32 位，因此地址总线和数据总线的宽度都是 32。

4.

答：程序用于描述人类希望计算机完成工作的逻辑。计算机运行程序的目的就是为了告诉计算机按照人类的意图去运行，最后控制硬件工作，按照人的意图去为人服务，帮助人工作。

5.

答：内存的管理大致分为有操作系统（OS）的和没有操作系统的。

❶ 没有 OS：没有操作系统的时候，计算机运行的就是裸机程序，内存的开辟和释放全部由裸机程序自己承担。

❷ 有 OS：有操作系统的时候，操作系统会帮助我们管理内存空间，并且留下一些简洁的内存管理接口，便于我们能够直接控制内存的管理。但是相比没有 OS 的情况，在 OS 上运行的程序内存管理的负担小了很多。

操作系统的内存管理方式大概分为如下情况。

- **动态空间**

❶ 自动管理：栈

栈内存空间的开辟与释放完全是自动化的，栈空间主要用于为函数的局部变量开辟空间。

函数运行时，变量空间自动开辟，函数结束时，空间自动释放，空间可读可写。

❷ 手动管理：堆

堆内存空间管理靠手动实现，需要时调用函数接口手动开辟，不需要时也必须调用

相应的函数接口将其释放，空间可读可写。

- **静态空间**

静态区的特点是，程序在编译时，就已经决定好了这些内存空间的布局，一旦程序运行，就会根据编译器的布局在静态区中开辟空间。在程序运行的过程中，既不能在静态区重新开辟空间，也不能释放静态区已有的空间，只有在整个程序结束的时候，它们才会被自动释放。

❶ 代码区：存放指令代码，空间只读。

❷ 常量区：存放程序中所用到的常量，空间只读。

❸ 静态数据区：存放静态数据，比如全局变量和静态局部变量，空间可读可写。

6.

答：数组是一片连续的内存空间，利用指针的移动遍历访问每个元素。数组的数据类型决定了每个元素空间的大小，每次移动一个元素位置时，实际上移动的是一个元素空间的大小。

7.

答：在编译时，编译器会根据数据类型，决定在内存中所开辟内存空间的字节数，以及对于内存空间中存放数据的解析方式。

第2章 课后题答案

1.

答案：

❶ a|=BIT5

❷ a &=~BIT5

分析：在 32 位系统中，宏 BIT5 所定义的数值二进制形式为 00000000 00000000 00000000 00100000，~BIT5 的二进制形式为 11111111 11111111 11111111 1101111。在位运算中，任何值与 1 进行或操作后结果都是 1，与 0 进行或操作后结果还是原数，所以通过位的或操作，可以将一个数值中的某个位设置为 1。通过位与操作方式可以将一个数值中的某位设置为 0。a|=BIT5，表示将 a 第 5 个 bit（位号从 0 算起）设置为 1。其他位不变，a&=~BIT5 将 a 的第 5 位置 0，其他位不变。

2.

答案：

❶ 设置 bit3

❷ 设置 bit3~bit7

❸ 清除 bit15

❹ 清除 bit15~bit23

❺ 取出 bit3~bit8

3.

答：

❶ 将 x 的 (n−1) 的位置置 1。

❷ 将 x 的 (n−1) 的位置清 0。

4. 答：#define GETBITS(x, n, m) ((x & ~(~(0U)<<(m−n+1))<<(n)) >> (n))

分析：为了截取出 10001000 中 2~4 位的位值，需要与 00011100 数相与，然后左移到最边即可，所以可以分解为如下几步完成。

❶ ~(0U) 得到 11111111

❷ ~(0U)<<(m−n+1) 得到 11111000

❸ ~(~(0U)<<(m−n+1)) 得到 00000111

❹ (~(~(0U)<<(m−n+1)))<<(n) 得到 00011100

❺ (x&(~(~(0U)<<(m−n+1)))<<(n)) 得到 00001000

❻ (x&(~(~(0U)<<(m−n+1)))<<(n))>>(n) 得到 00000010

第3章 课后题答案

1.

答案：C

分析：sizeof 操作符返回对象类型所占空间大小（以字节为单位），数组的 sizeof 的值等于数组占用的内存字节数，因此执行语句 "char a[7]="china";i=sizeof" 后 i 的结果为 7。而 strlen 函数是根据 '\0' 作为结尾标记，统计数组中实际字符的个数，当然统计是不包括字符 '\0' 的。

2.

答案：B

分析：变量是计算机内存单元的抽象，在程序中表示数据，它具有名称、类型、值地址、作用域、存储类别等属性，其值在运行的过程中由指令进行修改。常量也用于表示数据，但是常量在程序运行过程中不能修改，而且常量也具有类型，如整型常量、浮点常量、字符串常量等。常量也被称为字面量或者文字量。

3.

问题 1：

分析：本题如果想要交换成功，就必须传递 a 和 b 的地址，修改如下。

```
swap(int *x, int *y) {
      int t;
      t = *x;
      *x=*y;
      *y=t;
}
main() {
      int a, b;
      a=3;
      b=4;
      swap(&a, &b);
      printf("%d, %d\n", a, b);
}
```

问题 2：

分析：对于 #include <filename.h>，编译器从工程文件指定路径搜索 filename.h，对于 #include "filename.h"，编译器从当前路径和工程指定路径搜索 filename.h。

4.

答案：A

分析：变量是内存单元的抽象，在程序中用于表示数据，指针变量是存放其他变量地址的变量，不管指针变量指向什么样的其他的变量，所有指针变量的空间大小是一样的，实际上除了数组以外，对指针进行算术运算是没有意义的。

5.

答案：

❶ sizeof(str) = 6　　sizeof(str[0])=1　　strlen(str) = 5

❷ sizeof(p) = 4　　sizeof(*p) = 1　　strlen(p) = 5

分析：sizeof 求得是空间实际的字节数，strlen 求的是空间中实际字符的个数，不包含‘\0’。

6.

分析：

❶ const int a = 4：定义常量 a，其值一直为 4。

❷ const int *p ：指针变量 p 可变，而 p 指向的变量不可变。

❸ int const *p ：指针变量 p 可变，而 p 指向的变量不可变，效果同 ❷。

❹ int *const p ：指针变量 p 不可变，而 p 指向的变量可变。

❺ const int *const p ：指针变量 p 和 p 所指向的内容均不可变。

7.

答：这样的修饰方式表明，p 本身的指向可以发生改变，但是不能修改 p 所指向空间的内容，目的就是为了防止通过 p 去修改它所指向空间的内容。

第4章　课后题答案

1.

答案：D

分析：本题查找优先级别表即可得到的答案，C 语言运算符优先级表如下。

运算符	结合性
() [] ->	自左向右
! ~ ++ -- - (type) * & sizeof	自右向左
* / %	自左向右
+ -	自左向右
<< >>	自左向右
< <= > >=	自左向右
== !=	自左向右
&	自左向右
^	自左向右
|	自左向右
&&	自左向右
||	自右向左
?:	自右向左
assignments	自右向左

2.

答案：

❶ char *(*p)[m]

❷ char **buf = (char **)p

分析：这里考查的是形参类型的写法，我们说形参的类型怎么写，就看实参的类型。

❶ char *(*p)[m]：其中 m 传递的是数组的元素个数，类型为 int。

❷ char **buf = (char **)p：这里必须注意，实参传递的是数组的首地址，类型为 char *(*)[]

类型，因此形参的类型也必须为该类型。至于中括号 [] 里面的数字可以写，也可以不写，由于这里使用的是一维数组，可以不写。如果是二维数组，这个数字必须写，表示列数。

3.

答案：

❶ void (*buf[])()

❷ buf[1]("hello")

分析：本题中考查了大家对于函数指针以及指针数组的理解，本题中同时涉及了函数指针和指针数组的概念，所以❶位置应该写一个函数指针数组，由于fun1和fun2函数的返回值相同，但是传参不同，所以在定义函数指针数组时，不能够指定具体的形参类型，表示参数根据具体函数而定。

4.

答案：

❶ int m

❷ int n

❸ int (*p)[n]

分析：本题考查了大家对于二位数组传参的理解。前两个传递的是行列数量，很好理解；最后一个参数传递的是数组首地址。对于二维数组来说，数组名表示的是第一个小一维数组的数组首地址，类型为 int(*)[3]，所以形参的类型也应该是这个类型，表示列数的数字 3 一定要写上，否则无法在各个小的一维数组之间跳转。

5.

答案：

❶ typedef void (*pfun)()

❷ node.p()

分析：本题考查了 typedef 与函数指针以及结构体的结合使用，分析得知，fun 函数的类型为 int (*)()，所以 ❶ 处的写法为 typedef void (*pfun)()，至于 ❷ 则是通过结构体去访问 fun 的函数指针，然后调用该函数。

6.

答案：

❶ int *p1, p2

❷ int *p3, int *p4;

分析：由于宏定义形式只是一种替换，所以实际上 ❶ 处宏替换完后，形式为 int *p1, p2。因此

p2 实际上并不是一个指针变量，而只是一个普通的 int 型变量。

第5章 课后题答案

1.

答案：C

分析：二维数组 arr[1...M,1...N] 的元素可以按照行存储，也可以按照列来存储。按照列存储时，元素的排列次序，先是第一列的所有元素，然后是第二列的所有元素，最后是第 N 列的所有元素。每一列的元素则按照行号从小到大依次排列。因此，对于元素 arr[i, j]，其存储位置如下计算：先计算其前面 j-1 列上的元素总数，为（i-j）*M，然后计算第 j 列上排列在 arr[i, j] 之前的元素数目，为 i-1，因此 arr[i, j] 的地址为 base+((j-1)*M+i-1)*K。

2.

答案：A

分析：联合体的空间大小等于内部空间最大成员的空间，本题的联合体中，空间最大的成员是 f，占 8 个字节。

3.

答案：D

分析：files 是一个指针数组，在 32 的操作系统中，地址都是 32 位的，因此 files 总共占用 16 字节的内存空间。

4.

答案：A

分析：在 C 语言中，数组名代表了数组的第一个元素的起始地址，它指向了数组的开始位置，所以在传递数组时，实参如果是数组名的话，实际上传递的是数组的第一个元素的起始地址，所以本题的答案是 A。

5.

答案：

第一次输出结果：0x1234, 0x12

第二次输出结果：0x12345555, 0x12

第三次输出：0x12aa5555, 0x5555

分析：在计算机中，数据以字节为单位进行存储。以整型数据 0x12345678 为例，在小端模式计算机中（x86），该数据分为 4 个字节，依次存储在连续的 4 个字节的地址空间中，从低到高依次为 0x78、0x56、0x34、0x12；而在大端模式中，该数据从低地址空间到高地址空间的存储顺序为 0x12、0x34、0x56、0x78。

6.

答案：

❶int a：整型变量 a。

❷ int *a：整型一级指针变量 a，用于存放整型变量的地址。

❸ int **a：整型二级指针变量，用于存放一个一级指针变量的地址。

❹ int a[10]：10 个元素空间的整型数组，每个元素的类型为 int。

❺ int *a[10]：10 个元素空间的整型一级指针数组，每个元素的类型为 int *。

❻ int (*a)[10]：a 是一个数组指针，用于存放数组的首地址，元素的类型为 int(*)[10]。

❼ int (*a)(int)：a 是一个函数指针，用于存放函数的地址，该函数指针的类型为 int (*)(int)，返回值为 int，传参为 int。

❽ int (*a[10])(int)：a 是一个函数指针数组，包含 10 个元素，数组每个元素存放的指针的类型为 int(*)(int)。以上关于数组指针、指针数组，函数指针等内容，请参考第 5 章。和第 6 章的详细讲解。

7.

答案：

```
#include <stdio.h>
#include <string.h>
#define MAX_STR_LEN  128

// 宏定义方式实现 2 个数交换，注意行接续符的使用
#define SWAP(p, q)                     \
do {                                   \
      *p ^= *q;                        \
      *q ^= *p;                        \
      *p ^= *q;                        \
} while (0)                            \
// 函数方式实现 2 个数交换
void swap(char *p, char *q)
{
      char temp;
      temp = *p;
      *p = *q;
      *q = temp;
}
int main(void)
{
      char str[MAX_STR_LEN];
```

```
        int i, len;
        printf("input string: ");
        fgets(str, MAX, stdin);
        for (i=0, len=strlen(str)-1; i<len/2; ++i)
        {
            // 调试用，调试完后即可注释掉
            // printf("str = %s, strlen() = %d.\n", str, strlen(str));
            // 调试用，调试完后即可注释掉
            // printf("i = %d, len = %d.\n", i, len);
            // SWAP(&str[i], &str[len - i - 1]); // 实际测试通过
            swap(&str[i], &str[len - i - 1]);     // 实际测试通过
        }
        printf("reversed string: %s", str);

        return 0;
    }
```

8.

答案：

```
int str2int(const char *str)
{
        int res, i;
        bool bPositive;
        res = i = 0;
        if ('-' == str[0]) {
            bPositive = FALSE;
        ++i;
    }
    while (str[i] != '\0') {
        res = (res << 1) + (res << 3);  // res *= 10;
        res += str[i++] - '0';
    }
    if (!bPositive)
        res = -res;
        return res;
} /* end str2int */
```

9.

答案：

```
// here is just the function
Status int2str(int n, char *str)
{
        int j;
        if (NULL == str)
            return ERROR;
        j = 0;
        if (n < 0) {
            n = -n;
            str[j++] = '-';
        }
        while (n) {
```

```
        str[j++] = n%10 + '0';
        n /= 10;
    }
    str[j] = '\0';
    if ('-' == str[0]) // 颠倒结果字符串
        strrev(str + 1);
        else
    strrev(str);
    return OK;
} /* end int2str */
```

10.

答案:

```
如 strcpy、strlen、strcat、strcmp、strchr、memcpy 等函数
char *Strcpy(char *dest, const char *source)
{
    if (NULL == dest || NULL == source)  return NULL;
    else {  // C 语言也可实现推迟定义
        char *dest_save = dest;
        while ((*dest++ = *source++) != '\0');
        return dest_save;
    }
} // end Strcpy

char *Strcat(char *dest, const char *source)
{
    if (dest) {
        char *p = dest;
        while (*p != '\0')
        ++p;
        Strcpy(p, source);
        return dest;
    }
    return NULL;
} // end Strcat

int Strcmp(const char *s1, const char *s2)
{
    while (*s1 != '\0' && *s2 != '\0')
    if (*s1++ != *s2++)      break;
    return (*--s1 - *--s2);
} // end Strcmp

  int Strchr(const char *source, int n, char ch)
  {
    if (NULL == source || n <= 0) return -1
    else {
        int  i;
        for (i = 0; i < n && *(source+i) != ch; ++i) ;
        if (i == n) return -1;
        return (i + 1);
    }
}
```

```
void *Memcpy(void *memTo, const void *memFrom, size_t size)
{
      char *tmpTo = (char *) memTo;
      const char *tmpFrom = (const char *) memFrom;
      if (NULL == memTo || NULL == memFrom || size <= 0)
          return memTo;
      while (size--)  *tmpTo++ = *tmpFrom++;
      return memTo;
} /* end Memcpy */
```

11.

答案:

```
#include <stdio.h>
#define MAX_STRING  1024
int main(void)
{
      char  str[MAX_STRING], ch;
      int  i, counter, word;
      printf("Input a line of string: ");
      fgets(str, sizeof(str), stdin);
      for (counter = word = i = 0; (ch = str[i])!='\n'; ++i)
      if (' ' == ch || '\t' == ch) word = 0;
      else if (0 == word) {
          word = 1;
          ++counter;
      }
      printf("There are %d words in the line\n", counter);
      return 0;
}
```

第6章 课后题答案

1.

答案：B

分析：在C程序中，#if与#endif之间作为条件编译的片段。由于#if 0的判断为假，故该片段的代码在C语言的编译器中就会被过滤掉，因此不会被执行，所以本题的正确答案为201。

2.

分析：本题在做完宏替换后，SQUARE(i++)就演变成为了(i++)*(i++)，表达式中出现了两次++，导致出现了跳跃。修改如下所示。

```
#define SQUARE(a)  ((a)*(a))
int i;
int result;
i = 1;

do {
```

```
        result = SQUARE(____i__);
        ___i++___;//i=i+1 或者 ++ 或者 +=1;
        printf("result = %d\n", result);
    } while(i<10);
```

3.

答案：D

分析：#define XXX(a,b) a##b 宏定义的含义是字符串连接。在本题中，main() 中 XXX(test_func, 1)(100) 在编译时会被替换为 func1(100)，编译时不会出错，调用函数之后，其返回值为 100*10=1000。

4.

答案：A

分析：这两段代码出现问题的根本原因就是，第一段代码因为没有加括号，它们在宏替换后，运算的优先级实际上是不相等的。

5.

答：*((void (*)())0x100000) ()

```
        首先要将 0x100000 强制转换成函数指针（函数无参数），即
         (void (*)())0x100000
        然后再调用它：
        *((void (*)())0x100000)();
```

6.

答案：

```
    int *ptr = NULL;
    ptr = (int *) 0x67a9;
    *ptr = 0xaa55;
```

或 *(int *const) 0x67a9 = 0xaa55

7.

答案：

❶ #define MIN(a, b) ((a) < (b) ? (a) : (b))   // 2 个数中最小值

❷ #define SEC_PER_YEAR (365*24*60*60UL)

❸ 会出错。因为 *p++ 作为整体在宏替换时会被原地替换，因此在表达式中出现两次。在该宏执行时会导致 p 实际被加了两次，结果显然不是我们想要的。

❹ #define ARRAY_SIZE(a)   (sizeof(a) / sizeof(a[0]))   // a 为数组名

❺ #define SWAP(x, y) \

```
(y) = (x) + (y); \
 (x) = (y) - (x); \
  (y) = (y) - (x);
```

8.

答案：为了防止头文件被重复包含。

9.

答：对于 #include <filename.h>，编译器从标准库路径开始搜索 filename.h；对于 #include"filename.h"，编译器从用户的工作路径开始搜索 filename.h。

第7章 课后题答案

1.

答案：C

分析：数据有类型，在编译时便于实现变量的空间分配和其值的布局，同时还可以在计算和传参时用于检查数据类型的正确性。

2.

答案：B

分析：本题考查 C 语言的基础知识，在 C 语言中 volatile 是一个类型修饰符，在变量说明语句中，它告诉编译器，不能对使用变量的语句进行优化。即使程序中没有明显地改变一个变量的值，这个变量的值也会由于程序外部的原因和事件而改变。当程序中的一个变量被映射到设备使用的内存空间等情况时，这些设备或者独立地进行可能在任何时刻修改这个变量的值。

3.

答：程序会进入死循环，因为 ucCmdNum 为 unsigned char 型，永远不会大于 500。

unsigned char// 无符号 char 型，表示范围为 0~255。

char // 有符号 char 型，表示范围为 −128~127。

分析：C 语言是个强类型语言，每个变量都有其对应的数据类型，行为都要受到特定数据类型的制约。写代码或者读代码时一定要考虑到这一点，否则容易犯错误。如本题目中没有考虑到 unsigned char 类型的取值范围，结果导致 for 循环的循环终止条件始终不被满足，最终程序陷入死循环。

4.

答：

作用域：主要考查在本文件内变量起作用范围，就称为变量的作用域。

链接域：链接域可以认为是作用域的扩展，表示当多个 .c 文件构成一个 C 程序的时候，变量在其他文件中是否有效，就被称为链接域。如果需要在其他文件有效，就需要在其他文件中链接该变量。

变量的作用域和链接域与变量的定义、声明和修饰的关键字有关。

生命周期：表示变量在程序运行的过程中起作用的时间范围，与变量空间开辟的位置有关，比如栈、堆、静态区中开辟的变量空间的生命周期是不一样的。

5.

答：

- 动态区

❶ 自动区栈：开辟函数的局部变量，自动管理。

❷ 手动区堆：手动管理，需要手动开辟和手动释放。

❸ 静态区：程序运行时开辟，运行结束释放

❹ 代码区 .text ：存放指令代码。

- 静态区

❶.bss ：未初始化的静态变量。

❷ .data ：初始化了的静态变量。

- 常来区

.ro.data ：存放常量。

6.

答：

❶ 修饰局部变量。

函数的局部变量默认都是使用 auto 修饰的，表示是自动局部变量，其空间开辟于栈中，自动局部变量的作用域从定义的位置开始到函数结束，有效期为函数运行的时间。当使用 static 修饰局部变量的时候，该变量就变成了静态局部变量，空间开辟于静态区，其作用域并没有发生变化，但是有效期变成了在程序整个运行的时间内都有效。

因此 static 修饰局部变量，修改的是变量的存储位置，而存储位置决定了有效期的长短。因此总结起来可以说，static 修饰局部变量，修改的是局部变量的有效期。

❷ 修饰全局变量

对于全局变量来说，不管加不加 static，实际上全局变量本身就是静态变量，static 实际上修改的是链接域，如果不加 static（默认 extern 修饰），表示其他文件也可以访问该变量，那么其他文件里面不能出现同名全局变量。如果不希望该全局变量在其他文件被用，我们就加 static 修饰，表示本全局变量作用范围被锁在了本文件，其他文件无法访问，这防止了与其他文件的全局变量重名的可能。static 修饰全局变量改变的是全局变量的链接域（作用域）。

❸ 修饰函数

satatic 修饰函数的作用，与修饰全局变量的作用同，都是为了修改它的链接域，加了 static 修饰的函数只能在本文件有效，有效防止了不同文件函数重名的问题。

第8章　课后题答案

1.

答：实际上操作系统（OS）也是一个软件，只是这个软件用于实现计算机硬件管理，达到高效利用计算机资源、高效开发大型项目和高效升级软件的目的。OS 处在了上层应用和下层硬件之间的中间层。OS 对下管理硬件，对上向应用提供服务接口。分别是 CPU 管理、内存管理、任务管理、文件管理和 I/O 设备管理。

2.

答：库函数就是由权威人士实现好的各种工具类函数，将这些工具类函数所在文件编译成各种 .o 文件，然后再将这些 .o 文件集合到一起，这个集合就被称为库当我们需要使用到这些工具函数时，只需要链接相应库，程序会自动地去库中找到我们需要的具体函数，并加载运行。

库又分为静态库和动态库（共享库）。静态库是直接将库函数复制到内存，如果有很多引用都使用到这个静态库的话，这个静态库会在内存中有很多副本。所以静态库耗费内存，但是节省时间。

而对于动态库，如果有很多程序使用同一个库函数，但是动态库在内存中只会被加载一份，所有的程序共享同一个动态库，因此动态库又被称为共享库。动态库节省了内存，但是耗费了时间。

3.

答案：

❶ '\0' 是一个转义字符，它对应的 ASCII 编码值是 0，本质就是 0。

❷ '0' 是一个字符，它对应的 ASCII 编码值是 48，本质是 48。

❸ 0 是一个数字，它就是 0，本质就是 0。

❹ NULL 是一个表达式，是强制类型转换为 void * 类型的 0，本质是 0。

在实际应用中，'\0' 是 C 语言字符串的结尾标志，一般用来比较字符串中的字符以判断字符串有没有结束。'0' 是字符 0，对应 0 这个字符的 ASCII 编码，一般用来获取 0 的 ASCII 码值。0 是数字，一般用来比较一个 int 类型的数字是否等于 0。NULL 是一个表达式，一般用来比较指针是否是一个野指针。

4.

答案：首先理解数据类型的作用是什么，数据类型最重要的作用是决定了变量空间字节数和解析方式。所以相对应的，数据的强制类型改变的是实际需要的字节数和解析方式，因此很有可能会导致数据的丢失，因此我们在进行强制转换操作时，一定要格外小心。

第9章　课后题答案

1.

答案：A

分析：数据的逻辑结构反映了数据元素之间的逻辑关系，与计算机无关。数据的物理结构也称为存储结构，反映了数据在存储器中的存放方式。数据的存储结构主要有顺序存储结构和链式存储结构两种。最简单的数据结构是同类型数据元素的有限序列，称为线性表。采用链式存储结构的线性表称为链表。

链表中的每个数据元素的存储单元称为节点，节点中除了数据项外，还包括指针，指向器逻辑上的下一个元素。逻辑上相邻的元素可以在物理位置不相邻的存储单元中，因此链表是一种非顺序的存储结构。在链表中删除或者插入元素比较方便，不需要改变节点的存储位置，而是修改几个节点的指针即可。对于顺序存储结构，插入或者删除元素一般都要移动相关节点的位置，较费时间。

2.

答案：D

分析：A 的叙述不正确，顺序存储方式不只是应用于存储线性结构，一些非线性结构，比如树等，也可以使用顺序方式进行存储。所以数据的存储结构与数据的逻辑结构之间实际上是没有一一对应关系的，只是某些存储结构比较适合某些逻辑结构而已。

3. 答：

```
#include <stdio.h>
#include <stdlib.h>
typedef struct link_tag {
      char ch;
```

```
        struct link_tag *next;
} link;
void create_link_tail(link **h)
{
        link  *ele = NULL, *tail = NULL;
        char  ch;
        if (NULL == (tail = *h = malloc(sizeof(link))))
            fprintf(stderr, "malloc error\n"),    exit(1);
        for ( ; ; )
        {
            scanf("%c", &ch);
            if ('\n' == ch)  break;
            if (NULL == (ele = malloc(sizeof(link))))
            fprintf(stderr, "malloc error\n"), exit(1);
            ele->ch = ch;
            tail->next = ele;
            tail = ele;
        }
        tail->next = NULL;
}
void print_link(const link *h)
{
        const link  *p = NULL;
        if (NULL == h) return;
        p = h->next;
        while (p != NULL)
        {
        putchar(p->ch);
            p = p->next;
        }
        putchar('\n');
}
void reverse_link(link *h)
{
        link  *prev = NULL, *cur = NULL, *ne = NULL;
        if (NULL == h) return;
        prev = h->next; cur = h->next;
        while (cur != NULL)
        {
            ne = cur->next;
            cur->next = prev;
            prev = cur;
            cur = ne;
        }
        h->next->next = NULL;
        h->next = prev;
}
int main()
{
        link  *head = NULL;
        printf("input to create list: ");
        create_link_tail(&head);
        printf("original link is: ");
        print_link(head);
        reverse_link(head);
        printf("after reversed, the link is: ");
```

```
        print_link(head);
        return 0;
    }
```

4.

答：

❶ 创建空链表。

❷ 插入一些元素数据。

❸ 增、删、查、该、排操作。

❹ 程序退出，销毁链表。

5.

答：

进程：进程先于线程出现，可并发运行多个任务。进程被称为最小的资源分配的单元，这个资源指的就是内存资源（进程空间资源）。但是使用进程实现多任务的缺点是，进程之间的切换代价太大，非常消耗时间和内存资源。

线程：线程后于进程而出现，主要是为了解决进程实现多任务时，切换代价过高的问题。线程又被称为轻量级的进程，但是需要注意的是，线程不能替换进程，线程必须基于进程而存在。基于进程开辟的所有的线程会共享进程所有的资源，因此进程内的线程之间的多任务切换会非常节省时间。在线程出现之前，最小被调度切换的单元是进程，当线程出现后，最小被调度的单元不再是进程，而是线程。

6.

答案：

❶ 用于统计链表节点的个数。

```
unsigned int GetListLength(ListNode * pHead)
{
        if(pHead == NULL) return 0;
        unsigned int nLength = 0;
        ListNode * pCurrent = pHead;

        while(pCurrent != NULL)
        {
                nLength++;
                pCurrent = pCurrent->m_pNext;
        }
        return nLength;
}
```

❷ 将单链表反转。

从头到尾遍历原链表，每遍历一个节点，将其摘下放在新链表的最前端。注意链表为空和只有一个节点的情况。参考代码如下所示。

```
ListNode * ReverseList(ListNode * pHead)
{
        // 如果链表为空或只有一个结点，无需反转，直接返回原链表头指针
    if(pHead == NULL || pHead->m_pNext == NULL)
        return pHead;

    ListNode * pReversedHead = NULL;        // 反转后的新链表头指针，初始为 NULL
    ListNode * pCurrent = pHead;
    while(pCurrent != NULL)
    {
        ListNode * pTemp = pCurrent;
        pCurrent = pCurrent->m_pNext;
        pTemp->m_pNext = pReversedHead;     // 将当前结点摘下，插入新链表的最前端
        pReversedHead = pTemp;
    }
    return pReversedHead;
}
```

❸ 查找单链表的中间节点。

此题可应用与上一题类似的思想，也是设置两个指针。只不过这里是两个指针同时向前走，前面的指针每次走两步，后面的指针每次走一步，前面的指针走到最后一个节点时，后面的指针所指节点就是中间节点，即第（n/2+1）个节点。注意链表为空，链表结点个数为 1 和 2 的情况。参考代码如下所示。

```
// 获取单链表中间结点，若链表长度为 n(n>0)，则返回第 n/2+1 个节点
ListNode * GetMiddleNode(ListNode * pHead)
{
    if(pHead == NULL || pHead->m_pNext == NULL) // 链表为空或只有一个节点，返回头指针
        return pHead;

    ListNode * pAhead = pHead;
    ListNode * pBehind = pHead;
    while(pAhead->m_pNext != NULL)          // 前面指针每次走两步，直到指向最后
  // 一个节点，后面指针每次走一步
    {
        pAhead = pAhead->m_pNext;
        pBehind = pBehind->m_pNext;
        if(pAhead->m_pNext != NULL)
            pAhead = pAhead->m_pNext;
    }
    return pBehind; // 后面的指针所指节点即为中间节点
}
```

❹ 已知两个单链表 pHead1 和 pHead2 各自有序，把它们合并成一个链表依然有序。

这个类似归并排序。尤其注意两个链表都为空，和其中一个为空时的情况。参考代码如下所示。

```
// 合并两个有序链表
ListNode * MergeSortedList(ListNode * pHead1, ListNode * pHead2)
{
      if(pHead1 == NULL)
          return pHead2;
      if(pHead2 == NULL)
          return pHead1;
      ListNode * pHeadMerged = NULL;
      if(pHead1->m_nKey < pHead2->m_nKey)
       {
           pHeadMerged = pHead1;
           pHeadMerged->m_pNext = NULL;
           pHead1 = pHead1->m_pNext;
       }
       else
       {
           pHeadMerged = pHead2;
           pHeadMerged->m_pNext = NULL;
           pHead2 = pHead2->m_pNext;
       }
       ListNode * pTemp = pHeadMerged;
       while(pHead1 != NULL && pHead2 != NULL)
       {
           if(pHead1->m_nKey < pHead2->m_nKey)
           {
               pTemp->m_pNext = pHead1;
               pHead1 = pHead1->m_pNext;
               pTemp = pTemp->m_pNext;
               pTemp->m_pNext = NULL;
           }
           else
           {
               pTemp->m_pNext = pHead2;
               pHead2 = pHead2->m_pNext;
               pTemp = pTemp->m_pNext;
               pTemp->m_pNext = NULL;
           }
       }
       if(pHead1 != NULL)
           pTemp->m_pNext = pHead1;
       else if(pHead2 != NULL)
           pTemp->m_pNext = pHead2;
       return pHeadMerged;
}
```

递归解法，如下所示。

```
ListNode * MergeSortedList(ListNode * pHead1, ListNode * pHead2)
{
      if(pHead1 == NULL)  return pHead2;
      if(pHead2 == NULL)
          return pHead1;
      ListNode * pHeadMerged = NULL;
      if(pHead1->m_nKey < pHead2->m_nKey)
      {
           pHeadMerged = pHead1;
```

```
            pHeadMerged->m_pNext = MergeSortedList(pHead1->m_pNext, pHead2);
        }
        else
        {
            pHeadMerged = pHead2;
            pHeadMerged->m_pNext = MergeSortedList(pHead1, pHead2->m_pNext);
        }
        return pHeadMerged;
    }
```

❺ 判断两个单链表是否相交。

如果两个链表相交于某一节点，那么在这个相交节点之后的所有节点都是两个链表所共有的。也就是说，如果两个链表相交，那么最后一个节点肯定是共有的。先遍历第一个链表，记住最后一个节点，然后遍历第二个链表，到最后一个节点时和第一个链表的最后一个节点做比较，如果相同，则相交，否则不相交。参考代码如下所示。

```
  bool IsIntersected(ListNode * pHead1, ListNode * pHead2)
  {
          if(pHead1 == NULL || pHead2 == NULL)
                  return false;

        ListNode * pTail1 = pHead1;
        while(pTail1->m_pNext != NULL)
            pTail1 = pTail1->m_pNext;

         ListNode * pTail2 = pHead2;
         while(pTail2->m_pNext != NULL)
             pTail2 = pTail2->m_pNext;
         return pTail1 == pTail2;
    }
```

第10章　课后题答案

1.

答案：D

分析：在编写 C/C++ 源程序的时候，为所定义的变量赋初值是良好的编程习惯。而赋初值不是强制的要求，因此编译程序不需要检查变量是否赋初值。如果表达式中引用的变量从定义到使用始终没有赋值，则该变量中的值表现为一个随机数，这样对表达式的求值结果是不确定的，非常不利于加强程序的稳定性。

2.

答案：D

分析：软件的可移植性，是指把软件从一个硬件 / 软件环境移植到另一个硬件 / 软件环境的难易和繁简程度。为了提高软件的可移植性，应该尽量使软件与具体的硬件设备无关，即提高软件的硬件无关性或者叫软件的设备独立性。

3.

答案：D

分析："中间代码"是一种简单且含义明确的记号系统，与具体的机器无关。它可以有多种形式，不同的高级语言翻译成同一种中间代码，由于与具体的机器无关，使用中间代码有利于进行与机器无关的优化处理，以及提高编译程序的可移植性。

4.

答案：B

分析：在编译器对高级语言进行编译时，会根据目标环境决定 int 占用的内存空间大小。在 16 位操作系统中，sizeof(int) 占用 2 个字节的空间；在 32 位操作系统中，sizeof(int) 占用 4 字节的空间。

5.

答：

因为电路中到处充满着二态性的特点，比如导通与断开、高电平与低电平、饱和与截止等等，因此这种二态性的特点非常适合表示二进制数据，并且计算机运算的速度非常快，因此采用二进制会更加符合计算机的特点。